전승희 지음

주식회사 주택문화사

건축명장이 짚어주는

건축주가 알아야 할 집짓기 체크포인트

초판 1쇄 발행	2021년 3월 31일
초판 4쇄 발행	2023년 10월 3일
저자	전승희
발행인	이심
편집인	임병기
편집	조고은, 신기영, 이준희
디자인	김미연
마케팅	서병찬
총판	장성진
관리	이미경
출력	삼보프로세스
인쇄	북스
용지	영은페이퍼㈜
발행처	㈜주택문화사
출판등록번호	제13-177호
주소	서울시 강서구 강서로 466 6층
전화	02-2664-7114
팩스	02-2662-0847
홈페이지	www.uujj.co.kr

정가 23,000원
ISBN 978-89-6603-062-0

M studio & house / **위치_** 경기 용인 / **구조_** Heavy timber / **설계_** 건축사사무소 삼간일목(권현효) /
시공_ ㈜위빌종합건설(전승희) / © 건축사사무소 삼간일목 제공

부모와 함께한 주택 / **위치_** 경기 이천 / **구조_**경량목구조 / **설계_** 건축사사무소 삼간일목(권현효) / **시공_** ㈜위빌종합건설(전승희) / © 월간 전원속의 내집(변종석)

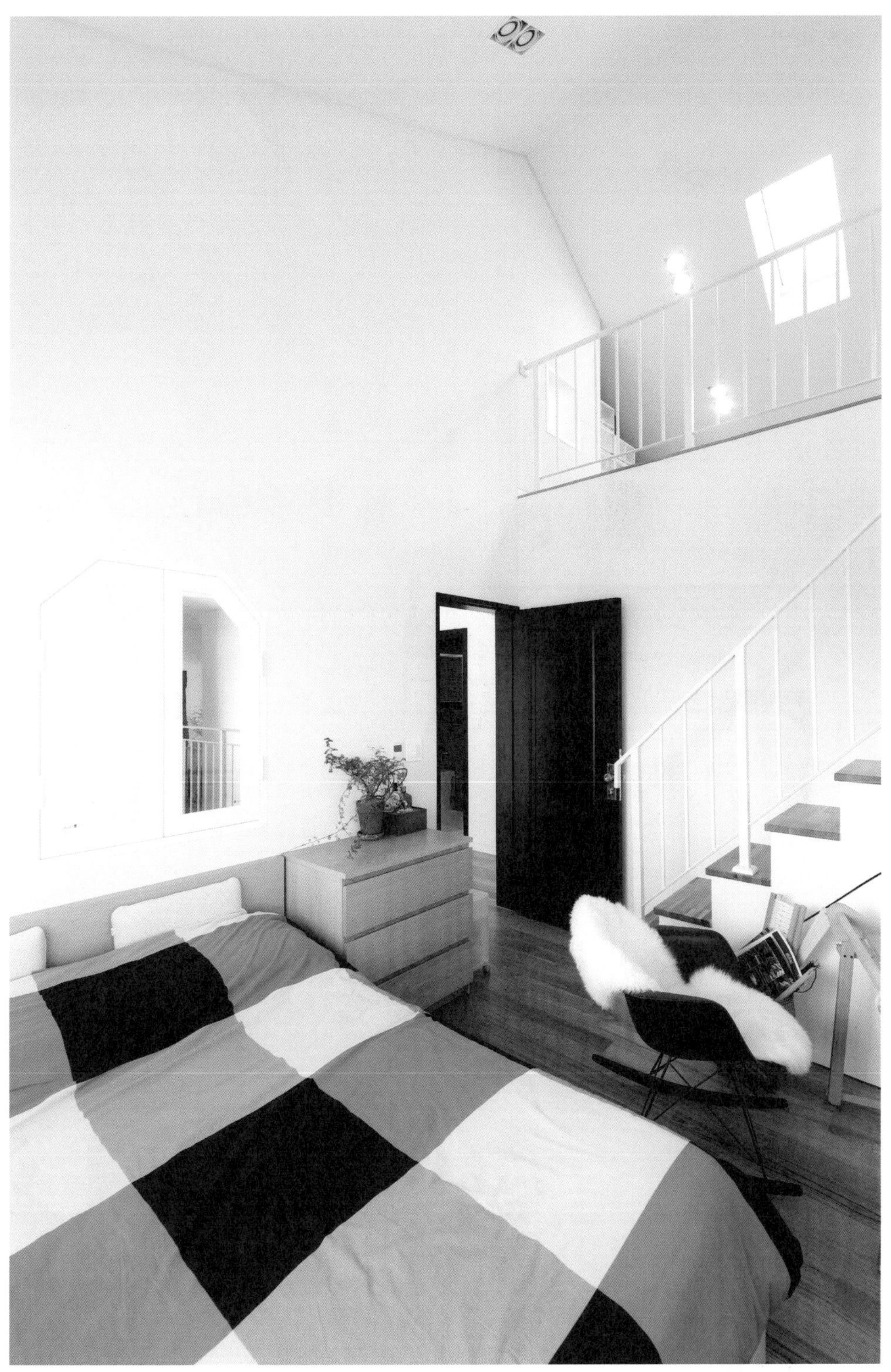

부모와 함께한 주택 / **위치_** 경기 이천 / **구조_**경량목구조 / **설계_** 건축사사무소 삼간일목(권현효) /
시공_ ㈜위빌종합건설(전승희) / © 월간 전원속의 내집(변종석)

삼산브레드 / **위치_** 전남 해남 / **구조_** 2×6 구조목+공학목재, 기둥·지붕 : 2×10 구조목 /
설계_ 건축사사무소 삼간일목(권현효) / **시공_** ㈜위빌종합건설(전승희) / © 월간 전원속의 내집(변종석)

비담집 / **위치_** 충북 청주 / **구조_** 경량목구조 / **설계_** ㈜리슈건축(홍만식) /
시공_ ㈜위빌종합건설(전승희) / © ㈜위빌종합건설 제공

들어가는 말

1년에 대략 10만 채 이상의 단독주택다가구 포함이 우리나라에 지어지고 있다. 철근콘크리트, 목구조, 황토블록, ALC, 스틸 등 구조도 참으로 다양하다. 요즘 같은 세상에는 전원주택과 같은 단독주택에서의 삶을 꿈꾸는 이들이 더욱 늘어나고 있다.

집을 짓겠다고 마음먹는 순간, 건축에 문외한이었던 사람도 예비 건축주라는 타이틀을 갖게 되면 단박에 건축 관계인이 되고 만다. 그러나 일반인들 입장에서는 어디부터 시작해야 할지, 무엇을 준비해야 할지, 어떻게 진행하는지 도통 혼란스럽고 어렵기만 하다.

더구나 구조체는 장단점과 각각의 특성이 있다. 이를 제대로 이해하고 파악할 수 있어야 하자를 최대한 줄이는 시공을 가늠할 수 있다. 그러나 실제 건축주는 뒷짐만 진 채 시공회사 말만 믿고 온전히 맡길 수밖에 없는 실정이다.

필자는 지난 1994년 건축기사 1급 취득을 시작으로 1군 건설회사에서 10여 년 국내외 각종 현장을 두루 경험했다. 이후에는 단독주택에 매력을 느껴서 다시 10여 년간 전국을 돌면서 주택 시공을 담당하였고 '건축명장'이라는 호칭도 수여 받았다. 참으로 다양한 시공을 경험해 보았고, 현장마다 개별적인 각각의 상황과 난관도 해결해 봤다. 그 과정에서 축적된 방대한 자료를 정리하고 요약해 이를 책으로 엮었다. 단지 시공자만의 관점이 아닌 건축주의 입장도 고려해서 집짓기 과정의 전반적인 프로세스를 이해하고, 나아가 시공 단계별 개략적인 길잡이 역할에도 소홀함이 없도록 하였다.

가까운 일본만 하더라도 무수히 많은 단독주택 시공에 관한 책들이 출간되고 있다. 시공사마다 각종 공법과 건축 노하우를 공개하고 검증하여 차별화를 지향한 홍보가 인상적이었다. 부족하지만 이런 시공 관련 책이 우리나라에서도 출발점이 되어 시공사들이 저마다 최선을 다해 지은 집으로 건축주들의 신뢰를 얻을 수 있는 기폭제가 되기를 바란다. 더불어 건축주 역시 이 책을 한 번 읽고 나서 현장에 나간다면 현장소장과 적어도 생산적인 대화와 소통이 가능하리라 확신한다. 다만, 일부 시방서에 있는 내용도 있지만 여러 채를 시공하면서 개인적으로 시행착오를 겪으며 보완했던 방법도 포함되어 있음을 밝힌다. 시공사마다 집짓기를 진행하는 방식에는 분명 다소 차이가 있고 견해가 다를 수 있다. 그런 만큼 이게 정답이라고 고집하는 바가 아니다. 나름대로 수많은 단독주택을 지으며 더 쾌적하고 합리적인 건축을 추구하면서 얻은 결과치라 할 수 있다. 앞으로도 더 좋은 재료가 나올 것이며, 더욱 개선된 시공법이 출현할 것이라 믿는다. 따라서 현 단계에서 내용과 관련하여 소모적인 논쟁보다는 한 걸음 나아가 건설적인 토론과 모색을 위한 자양분이 되기를 희망한다.

이러한 필자의 뜻에 공감하여 출판을 결정해주신 ㈜주택문화사 임병기 대표를 비롯하여 편집자 여러분께 지면을 빌어 다시 한번 감사드린다. 우리나라에 올바르고 건강한 단독주택 문화가 정착되도록 더욱 정진하겠다.

2021년 3월

전 승 희

추천의 글

3년 전 내 집을 지었다. 건축사 면허 취득 후 10여 년이 넘어갈 무렵. 내 사무소를 열고 이런저런 다양한 설계 프로젝트를 맡아서 남의 집 설계해주는 직업인으로 하루하루 살고 있을 때였다. 우연히 마음에 드는 작은 땅을 하나 발견했다. 그리고 그 땅에 집을 지어야겠다는 꿈을 꾸기 시작했다. 아내를 설득하고 땅을 샀다. 내 집을 짓고 싶어서, 남이 원하는 집이 아닌 내가 원하고 내 가족이 원하는 집을 짓고 싶어서.

그런데 자신만만하게 설계를 시작한 후 10년 차 건축사의 알량한 자존심이 흔들리기 시작한 건 그리 오래 걸리지 않았다. 작은 집 하나 잘 짓기 위해 내가 무엇을 제대로 알고 있는지, 확신을 가졌는지 알 수 없었다. 내 것이라 믿었던 지식이 현장용이 아닌 제도판 위에 떠돌던 이론과 아집이란 걸 실감했다. 막상 도면에 표기된 하나하나의 선과 글이 실제 집으로 만들어진다는 상상을 펼치려니 평소처럼 손과 머리가 말을 듣지 않았다. 여기에 투입될 예산 생각이 앞서고 원망과 불만을 쏟아낼 가족들이 떠올랐다. 내 도면으로 내가 직접 짓는 직영공사를 한다는 건 지금까지 했던 일로서의 건축과는 차원이 달랐다. 도면과 현장을 연결해 주는 진짜 고수의 실전 정보들이 간절히 필요해졌다.

할 수 없이 주변 선배와 지인들에게 묻고 서점에 가서 집짓기 책을 샀다. 건축을 꽤 안다며 거만하고 태만하게 살아온 시절이 부끄러웠다. 그런데 평소에 나와는 비교할 수 없을 만큼, 모든 걸 다 알고 있는 것 같던 선배, 지인들이 건네준 답변들도 미덥지 않았다. 가령 공사현장의 간단한 디테일 하나도 조금만 깊게 들어가면 확실한 답을 못하고 우물쭈물했다. 내가 내 집을 잘 짓기 위해 던지는 질문임을 알고 있던 그들은 아무 말 대잔치로 자신의 잘남만 뽐

내면 되는 그 상황이 아님을 직시했고, 그러다 보니 아무 말을 대충 할 순 없었던 것이다. 아무 말을 할 수 없던 그들이 할 수 있는 말이란 대부분 뒤끝이 흐릿했다.

"아마... 이러저러할 거야."
"난 이게 맞는다고 알고 있었는데..."
"확실치는 않지만 이렇게 하면 되지 않을까..."

서점에 가서 책을 뒤졌다. 초보자를 위한 집짓기 가이드부터 전문가를 위한 시공 전문서까지. 그러나 웬일인지 당장 적용해도 괜찮을 진짜 지식, 믿을만한 현장 전문가의 사심 없는 실전 정보는 찾을 수 없었다. 대부분 나한테 맡기면 싸고 좋은 집을 지어준다는 홍보 책자 수준이거나 현장 상황과 거리가 있는 이론들의 나열, 현실성 없는 기술 정보뿐이었다. 그즈음이었다. 인터넷 포털 검색을 하다가 '전프로'라는 닉네임의 숨은 고수를 발견한 것이다.

그를 만나고 나는 막혔던 설계의 혈을 뚫었고 흔들리던 마음을 붙들고 무너지던 자존감을 진정시켰다. 겸손한 톤으로 본인의 현장 경험과 지식에 대해 담담히 풀어낸 글과 조언은 확신이 없다면 할 수 없는 진짜 프로의 가이드였다. 터파기, 기초공사, 배근과 형틀, 방수, 단열, 창호, 지붕, 전기, 설비, 그리고 각종 누수와 하자... 작은 집 하나를 짓기 위해 제대로 알고 있어야 할 개념과 현장의 맥들. 이미 안다고 생각하던 것은 한 번 더 검증하고 모르고 있던 지식은 그를 통해 알게 되었다. 그렇게 집을 지어나갔다.

그때 내가 '전프로' 전승희 대표의 글을 발견 못했다면 어떻게 되었을까. 물론 그럭저럭 짓기는 했을 듯하다. 설계와 현장에 대해 조금 다른 생각과 경험을 얻으면서, 조금 다른 교훈과 성취를 남긴 채 지어졌을 것이다. 집짓기의 정답이란 애초에 존재하지 않는 것이니까. 하지만 건축에 대해, 집짓기에 대해 지금의 관점과 태도를 얻지는 못했을 것 같다. 모자란 돈과 촉박한 시간, 부질없는 욕심을 부리다 자잘한 후회와 실패의 경험을 꽤 얻은 1년이었다. 집을 지은 후 기분 좋은 보람과 더 나은 발전을 꿈꿀 수 있던 것도 그로 인해 쌓은 관점과 태도 덕분이었다.

완공 후, 자연스럽게 3년 전 나와 비슷한 상황에 직면한 건축주들의 집을 맡아 단독주택 위주로 설계사무소를 운영하고 있다. 그로부터 얻은 정보와 지식, 집짓기 전문가로서의 겸양은 지금도 늘 기준이 되고 있다.

내 집 지으려는 수요가 늘수록 집짓기 관련 수많은 정보, 전문가들은 점점 더 넘쳐날 것이다. 하지만 그중 뒤에 책임을 지지 않는 아무 말 대잔치들을 제하고 나면 내 상황에 맞는 진짜 정보와 가이드는 얼마 되지 않을 것이다. 집짓기는 각자의 예산과 상황, 땅이 처한 조건과 환경에 건축주, 건축사, 시공자 각자 성향과 일하는 스타일 등등에 따라 즐거운 경험이 되기도 하고 악몽이 되기도 한다. '내 말만 진짜야 내 말을 들어'라는 전문가들의 홍수 속에 진심으로 나를 걱정해주는 전문가의 생각이 궁금하다면 전프로, 전승희 대표가 겸손하게 풀어놓는 이야기에 한 번쯤 귀 기울여보기를 권한다. 건축주와 현장 사이에서 부대끼며 설계를 하고 있는 나 같은 건축사 입장에서도 다행스러운 일이다. 일하면서 곁에 두고 볼 좋은 참고서가 생겼다. 오늘도 정보의 혼란 속에서 기대 반 불안 반으로 집짓기를 꿈꾸고 계실 많은 분들에게 이 책을 추천한다.

최준석 건축사

용인 죽전에서 건축사사무소 나우랩 운영 중.
저서 <집의 귓속말><건축이 건네는 말><서울 건축 만담>

차 례

들어가는 말 012

추천의 글 014

제1장 집짓기 기획과 부지 마련 022

- 전체과정 파악하고 예산부터 세워라
- 집짓기 비용 단계별로 점검해야
- 땅 보기 전 인터넷으로 검토하는 법
- 현지답사 가서 놓치면 후회할 것들
- 땅의 활용도에 대한 지표, 건폐율과 용적률
- 용도지역·용도지구·용도구역 구분하라

제2장 설계와 건축시공 검토 044

- 설계는 건축의 필요충분조건
- 건축비를 절감할 수 있는 설계
- 이렇게 하면 건축비 반드시 오른다
- 건축 전 체크해야 할 기본요소
- 건축 성패 좌우하는 시공자 선정하기
- 견적서 검토와 계약서 작성
- 기술지도 계약이란?
- 직영공사와 현장관리인 배치 제도

제3장 착공 전 절차와 준비 072

- 기본설계도서 완성되면 건축인허가
- 건축물 철거와 멸실 신고
- 주의가 요구되는 철거공사 절차
- 내 땅의 정확한 경계를 위한 측량
- 착공 전 점검해야 할 기타 사항

제4장 가설 및 토공사와 기초공사 092

- 가설공사와 규준틀 설치
- 지반조사에 따라 기초가 정해진다
- 허용지내력 부족하다면 지반 보강해야
- 터파기 후 반드시 거쳐야 할 공정
- 기초 외부에 방수를 고집하는 이유

제5장 경량목구조 시공포인트 112

- 선호도 높은 경량목구조 현황
- 기초 수평 레벨과 습기 차단이 핵심
- 경량목구조 벽체 세우기와 바닥공사
- 각종 배관 작업과 지붕공사
- 웜루프 VS 콜드루프
- 비오면 목구조에 반드시 천막을 씌워라
- 외벽에 구멍, 내벽엔 비닐을?
- 드라이비트로 통하는 외단열시스템에 대하여
- 간과하기 쉬운 목조주택용 못
- 열반사단열재를 목조주택 벽체에 설치하면
- 목조주택 화장실 방수에 대하여

제6장 중목구조 시공 포인트 154

- 지진과 불가분 관계인 일본 중목구조
- 일본 중목구조 재래식공법
- 재래식공법의 간략한 시공과정
- 연결철물 활용한 철물공법 이해
- 철물접합 공법의 단계별 시공과정

제7장 철근콘크리트 시공 포인트 174

- 철근콘크리트[Reinforced Concrete] 특징과 현황
- 주택건축과 철근콘트리트의 상관관계
- 공정상 특징과 실내 환경성
- 공사 기간과 비용을 좌우하는 거푸집
- 전원주택 철근 배근에 대하여
- 현장에 인입된 철근 제대로 파악하는 법
- 레미콘[Ready-mixed concrete]에 대하여
- 까다로운 공정, 노출콘크리트 시공

제8장 ALC 및 황토주택 시공 포인트 210

- ALC블록 도입 배경과 특징
- ALC주택 시공 시 유의사항
- 다양한 황토주택의 구조방식
- 도대체 황토주택은 왜 추운 걸까?
- 아궁이 없는 구들방

제9장 주요 공사 점검 사항 230
• 전도, 대류, 복사에 대한 개념 이해
• 주요 단열재 제대로 알고 선택하자
• 열관류율, 열전도율, 열저항
• 에너지절약설계기준에 따른 단열재 선택
• 단열의 완성, 기밀시공
• 열반사단열재 시험성적서의 의미
• 만만치 않은 고민거리, 결로와 곰팡이
• 신선한 공기를 공급하는 열회수 환기장치
• 배수관 설비에 꼭 필요한 아이템
• 합류식 하수관로와 정화조
• 집을 다 짓고 보니 물이 없다?
• 주택 내부 전기 배선공사
• 지진에 대응한 내진설계 이해
• 고벽돌 제대로 골라서 선택하라
• 징크 지붕마감 하자를 줄이려면
• 국내 방수공사에 대한 고찰
• 전원주택 수영장 공사에 대하여
• 알면 알수록 어려운 창호 시공
• 주방가구 항목별 구분 점검

제10장 완공과 사용승인 302
• 건축주 VS 시공사 분쟁이 일어난다면
• 완공 후 건축물 사용승인 어떻게 받나?

제1장

집짓기 기획과 부지 마련

- 전체과정 파악하고 예산부터 세워라
- 집짓기 비용 단계별로 점검해야
- 땅 보기 전 인터넷으로 검토하는 법
- 현지답사 가서 놓치면 후회할 것들
- 땅의 활용도에 대한 지표, 건폐율과 용적률
- 용도지역·용도지구·용도구역 구분하라

전체과정 파악하고 예산부터 세워라

집 짓는 과정은 크게 보면 결국 건축주, 설계자, 시공자, 해당관청 4자 간의 지속적인 상호 작용에 의한 결과물로 전체적인 프로세스에 대한 사전적인 이해가 필요하다. 주택이라는 건축물을 신축하는 과정은 많은 단계별 공정과 더불어 적지 않은 변수가 따르기 때문이다.

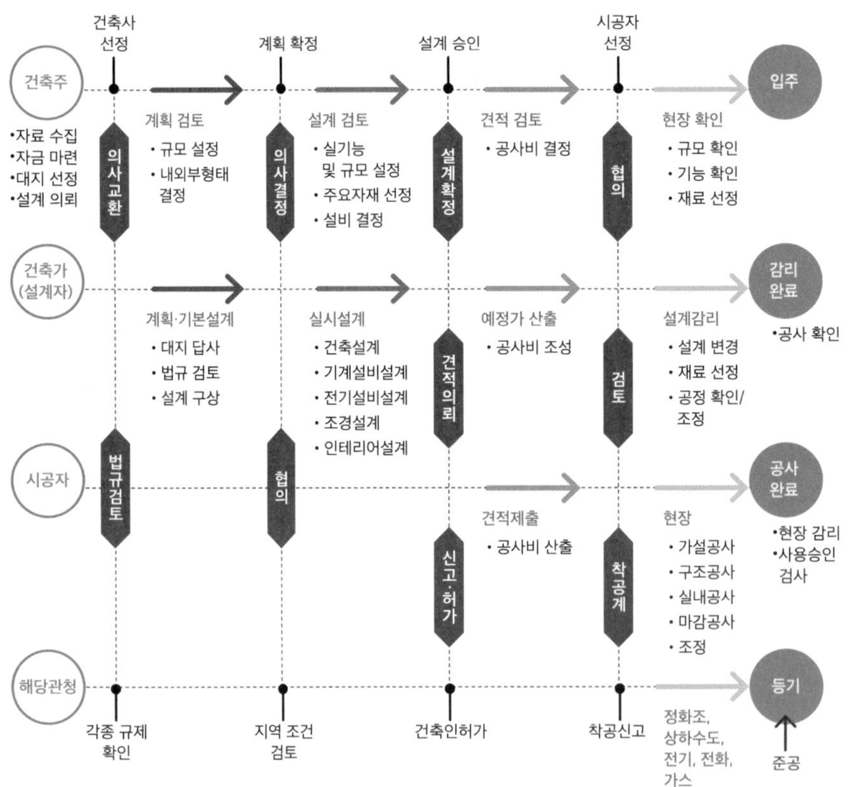

집을 어떻게 지을 것인가? 일단 큰 밑그림을 그려보고 가족의 상황에 맞춰 세부사항을 하나씩 체크하는 것이 정석이다. 가족과 충분한 대화를 나누고 각각의 라이프스타일과 요구를 정리한 다음 입주 시기와 앞으로의 예산 운영을 고려해 구체적인 계획을 세워나가야 한다.

주택의 성격	상시주거용 / 임시주거용 / 펜션 또는 카페
부지 선정	얼마만큼 발품을 파는가 / 우선 방향을 잡은 다음 지역을 좁혀 / 토지매입이 자금 운용 규모의 기준 / 투자가치와 환금성 검토
전반적인 규모	주택의 크기 및 층수 / 각 실의 개수 / 실의 배치 및 동선
공간 활용	데크와 다용도실과 같은 기타시설 / 별도의 부속건물 / 정원조경 / 증개축 감안
주택구조 및 외형, 기타	통일적인 스타일 / 목조, 스틸, 철근콘크리트조 등 구조 결정 / 주요 내외부 마감재 / 보일러 선택 및 정화조, 상하수도 / 보안시스템 및 오토메이션

집을 마련하는데 아무래도 가장 큰 고민은 '돈'이다. 예산 수립의 큰 틀은 토지매입비, 건축비, 각종 세금으로 나눠서 생각할 수 있다. 짜임새 있는 예산 편성을 사전에 수립하면 땅 구매부터 건축과정에 이르기까지의 전반적인 흐름에서 탄력적으로 대응할 수 있다. 이때 예상치 못한 상황에 소요되는 기타 비용도 충분히 계산에 넣어두어야 한다.

평당가가 아닌 건축비 총액

일반인들은 대개 건축비와 관련해 평당 '얼마'라는 식의 산정에 익숙한 편이다. 생각해보면 상당히 불분명한 산정가이다. 주택에 사용되는 마감재와 시공의 질, 난이도, 형태의 특성 등에 따라 시공가는 상당히 차이가 날 수 있다. 다만, 초기에는 그러한 방식에 의해 총액을 산정해 두고 설계과정을 거쳐 시공 시에 내외장재를 비롯한 자세한 항목을 검토하는 방식으로 계획을 잡는 것이 좋다.

전원주택 예산 집행 사례

A씨는 퇴직을 앞둔 가운데, 부인과 함께 살게 될 아담한 전원주택을 희망했다. 그래서 주말이면 부부가 함께 많은 땅을 보러 다녔다. 그런 와중에 지난 2017년 가평에 부지 150평을 구매했다. 대부분 땅이 덩치가 큰 편이라 부담스러웠는데, 이처럼 집짓기에 적당한 땅을 얻은 건 정말 행운에 가까웠다. 더구나 향이나 경사도, 진입로, 마을 환경까지 모자람이 없었다.

다만, 땅의 지목이 대지가 아닌 관리지역 답(畓)이라 집을 짓기 위해서는 형질 변경을 통해 개발행위 허가를 받아야 했다. 일단 허가를 받으면 2년 이내에 건축을 착공하고 1년 이내에 완공이 되어야 한다. A씨는 당장 전용 허가를 받았으나, 갑자기 사정이 여의치 않아 두 차례 연장을 신청(2년간 건축 유예 가능)한 끝에 건축면적 30평인 단층주택을 지었다. 전체적으로는 처음 예상한 예산에 비해 20%를 넘어선 셈이었다. 허튼 돈을 쓴 것이 아니라 여러 가지 부대 부대 비용과 세금에 대한 고려가 부족했기 때문이었다.

토지 비용 ▶ 1억5백만 원 : 관리지역의 150평畓을 평당 60만 원에 매입, 중개수수료 / 농지전용 허가 / 토목설계비 / 경계측량비 등 기타 제반비용과 각종 세금 포함

설계 및 감리, 토목 비용 ▶ 2천5백만 원 : 설계비 / 감리비 / 허가 관련 비용과 수수료 등

건축공사비 및 등기비용 ▶ 1억9천만 원 : 건축면적 30평단층 × 평당 건축비 450만 원이 쓰였고, 기타 조경 및 가구와 가전, 취득세 / 등록세 / 교육세 등 등기비용

■ 주택 마련 과정별 감안할 비용

구분	내용
토지구매	토지대금 / 중개수수료 / 등록세 및 취득세, 지방교육세 / 소유권 이전에 따른 법무사 수수료 / 구옥이 있을 경우 취득세
측량	이웃한 대지와 구분을 위한 대지 경계측량비
설계 및 감리	설계계약에 따른 착수금 / 진행비 / 건축허가 후 잔금 / 사용승인 후 감리비
개발행위 허가, 토목측량	보통 계약금(허가 신청할 때) 50%, 잔금(허가 완료 시) 50% / 농지 또는 산지 전용에 따른 비용
각종 수수료	건축허가 수수료 / 개발행위허가 면허세 / 국민주택채권 매도 / 지역개발공채 매도
기존 구옥 철거	리모델링이 아닌 철거 후 신축 시 / 경우에 따라 석면 제거
건축시공비	계약금 / 단계별 기성금 / 사용승인 후 잔금
각종 보험료	고용보험 및 산재보험
각종 인입비	임시전기 / 전기 인입비 / 상수도 인입비 / 통신설비 인입비
경계복구측량비	사용승인을 위해 필요
조경	나무 및 잔디 식재비 / 울타리 및 최소 법정 조경 설치 / 기타 데크 등
가구 및 가전	필요에 따라 가구 및 가전 / 기타 커튼 등 부대 설치 비용
이사 및 입주	입주 청소비 / 공사기간 동안의 보관비 / 이사비
보안설비	CCTV를 비롯한 보안 설비
보험 및 세금	화재보험 / 주택 취득세 및 등록세

집짓기 비용 단계별로 점검해야

땅을 매입하는 비용은 시세라는 게 있어 그나마 예상이 가능하다. 그러나 비전문가인 일반인에게 '건축비용'은 낯선 대상임에 틀림없다. 시공법과 자재 선정은 어떤 게 좋을지 그에 따른 예산은 얼마나 책정해야 할지 난감하다. 더구나 주변에선 예상보다 건축비용이 너무 많이 들어갔다느니, 분쟁이 생겨 공사가 멈추고 부실시공으로 피해를 입었다는 소리도 심심치 않게 들린다.

건축비라는 게 천차만별이고 상황별로 다르기 때문에 일률적으로 예상하기도 쉽지 않은 문제이다. 다만, 집을 짓는데 드는 비용을 단지 건축비에 한정해서 계획하면 후에 예산 운용에 어려움을 겪을 수도 있다. 각종 세금을 비롯해 토목, 데크, 정화조, 기타 사항 등 이른바 '부대 비용'이 발생하기 마련인데, 대략 전체 건축비의 10~15% 정도는 감안해야 한다.

건축예산 세울 때 체크해야 할 주요 항목

땅을 구매한 비용 외 지목이 대지가 아닌 임야나 전, 답이라면 농지ㆍ산지전용이라는 개발행위 절차를 거쳐야 하는데, 농지보전부담금이나 대체산림자원조성비 같은 비용이 발생한다. 이처럼 건축 부분에서도 본 건축비용 외에 고려할 기타 항목이 적지 않다.

설계비 | 건축주 요구와 어느 정도의 내외장재 선정이 반영된 만큼 건축비를 산정할 수 있는 기본 자료가 된다. 설계와 시공을 겸하는 시공업체가 제공하는 설계는 평당 몇십만원으로 저렴한 편인데, 아무래도 모델화된 설계를 바탕으로 선택하기 때문일 것이다. 반면 유명한 건축가들에게 설계를 별도로 맡기는 경우 수천만 원을 상회하기도 하는데, 이는 선택의 문제이다.

건축비 | 사전에 설계를 바탕으로 한 전체 공사금액에 대한 파악이 선행되어야 한다. 본격적인 설계 전이더라도 건축물의 규모, 스타일, 인테리어 수준 등으로 시공사에 개략적인 건축비용를 가늠해 볼 수는 있다. 되도록 많은 시공사로부터 견적을 받아보고 건축비 외 옵션으로 적용되는 항목을 명확하게 파악해 비교해 봐야 한다.

건축 관련 인허가비 | 착공에 앞서 토지의 이용 한도를 파악하고 건축물 규모에 따라 건축신고 혹은 건축허가를 건축사사무소를 통해 진행한다. 건축신고는 약 200만~300만원, 건축허가는 경우에 따라 500만원 이상 비용이 들기도 한다. 보다 정확한 금액은 최종 설계안을 통해 파악할 수 있다. 여기에 더해 건축 규모에 따라 '공사감리'를 지정해야 하며, 2층 이상 주택은 '구조 안전 및 내진 설계 확인서'를 제출해야 하는 만큼 그에 따른 추가 비용도 감안한다.

전기 및 가스 인입비 | 착공계를 제출하면 공사가 시작된다. 반드시 공정에 필요한 전기가 구비되어야 한다. 임시로 전기를 신청하면 비용은 대략 한전 예치금(후에 환급)을 포함해 약 50만~80만원 정도이다. 가스 인입비는 약 30만~50만원 정도이고, 도시가스는 배관을 연결하는 공사 규모가 커지면 300만원 이상의 비용이 발생하기도 한다.

상하수도 공사비 | 인근에 상수도가 있다면 연결 비용은 거리에 따라 다르겠지만 많아도 100만원 안쪽인데, 거리가 제법 떨어진다면 지하수를 개발하는 게 나을 수도 있다. 지하수는 개발업체에 문의하여 개발 가능 여부와 가격을 알아봐야 한다.

■ 공정별 시공과정

시공 부분	내용	기간(주)															비고
		1	2	3	4	5	6	7	8	9	10	11	12	13	14	15	
착공신고 및 토목공사	지적측량(경계측량) 현장정리 및 공사 준비 터파기공사																기존 건축물이 있는 경우 건축물 철거신고
기초공사	기초공사 및 기초 내 배관 되메우기공사																중간검사 (관할행정기관)
골조공사	거푸집공사, 철근가공 배근공사 콘크리트타설, 양생 거푸집 해체공사 지붕공사 및 내벽공사																토대,벽,천장, 바닥,지붕
설비공사	설비, 전기 배관공사																
내외부 마감공사	방수공사, 단열공사, 외부마감공사 창호공사, 미장공사, 석공사 목공사,타일공사, 도장공사,수장공사																단열재, 방습재 설치 석고보드 설치 온돌설치
	설비 배선공사 내부 인테리어 가구공사																캐비넷, 붙박이장
부대공사	조경공사, 대문, 담장공사 사용전력인입공사, 가스 수도공급 정화조																바다마감, 청소
완공	사용승인검사 (관할행정기관) 폐기물처리																기타하자부분 점검

지하수 공사비는 물이 있는 깊이에 따라 소공, 중공, 대공으로 나뉘는데 200만원부터 많게는 1,000만원까지도 비용이 든다.

전기 및 통신 인입비 | 기존에 있는 전봇대로부터 200m 이내 공사는 무료이지만, 이를 초과할 경우에는 m당 약 5만원의 추가 비용이 발생한다. 지중으로 전기맨홀을 사용해 전기를 인입할 수도 있는데 이 또한 비용이 만만치 않다. 한편, 도시지역

기준 연면적 150㎡이 넘는 주택은 준공을 위해선 통신 필증이 필요하다. 통신도면과 통신 맨홀 공사 비용도 꽤 드는데, 지역에 따라 연면적이 150㎡를 넘더라도 통신준공이 필요하지 않는 경우도 많다.

정화조 및 배수로 | 정화조는 건축물의 규모나 용도에 따라 지자체마다 적용 규정이 상이하기 때문에 사전에 관청에 문의해 볼 필요가 있는데, 대충 약 100만~400만원의 비용이 든다. 한편 배수로는 지형에 따라 편차가 있다. 애초 토지 구입 당시에 기존 배수로 공사가 되어 있는지 확인해 보는 것이 좋다. 만약 배수로 공사가 필요하다면 상하수도 및 정화조 배관의 거리에 따라 추가 요금이 발생할 수 있다.

건축물 취득세 | 취 · 등록세는 표준공사비를 기준으로 하거나 공사계약금액을 기준으로 산정되고 준공 후 납부하면 된다. 취득세는 보통 취득가액의 2%, 등록세는 취득가액의 0.8%(신축)이고 교육세는 등록세의 20%, 농어촌특별세는 취득세의 10% 정도를 감안하면 된다. 전용면적 85㎡ 이하의 국민주택과 농가1주택은 농어촌특별세가 감면된다.

■ 주택 취득에 따른 세금

구분	내용
취득세	· 과세대상 : 주택 신축의 경우 / 세율 : 취득가액의 2% (고급주택에 해당하는 경우에는 중과세율 10% 적용) · 집을 취득할 날로부터 30일 이내 납부(기간 초과 시 20% 과태료)
등록세	· 과세대상 : 집을 등기하기 전 해당 행정기관에 납부 · 세율 : 취득가액의 0.8%(신축)
교육세	· 세율 : 등록세의 20%
농어촌 특별세	· 세율 : 취득세의 10% · 감면대상 : 전용면적 85㎡(27.5평) 이하의 국민주택과 농가1주택

땅 보기 전 인터넷으로 검토하는 법

너무나 당연한 이야기이지만, 좋은 집을 짓기 위해선 좋은 땅을 구해야 한다. 요즘은 워낙 온라인으로 각종 부동산을 사전에 조사할 수 있는 시스템이 잘 갖춰져 있다. 당장 각종 포털사이트에서 제공하는 지도서비스를 활용하면 현장에 직접 가보지 않아도 위성사진과 실사진 등으로 매물로 나온 토지 및 주변 현황을 손쉽게 확인할 수 있다.

집을 지을 땅을 조사할 때는 과연 건축이 가능한가 파악해야 하는데, 땅의 용도를 구분해주는 지목을 먼저 확인해야 한다. 집을 지을 수 있는 땅은 지목이 '대(대지)'이어야 한다. 만약 지목이 전이나 답, 임야라고 한다면 개발행위 절차를 거쳐 대지로 지목을 변경해야만 집을 지을 수 있는 것이다.

토지이용규제정보서비스[토지이음]로 확인

온라인 지도서비스를 통해 어느 정도 파악을 마쳤다면 보다 정확하게 해당 땅의 지적공부를 조사해야 한다. 지적공부라 하면 대표적으로 토지이용계획확인원을 비롯해 지적도, 임야도, 토지 및 임야대장, 각종 등기부등본, 건축물대장 등을 들 수 있다. 이러한 각종 부동산 공적장부를 인터넷을 통해 클릭만으로 손쉽게 발급받을 수 있다. 토지이용규제정보서비스를 통하면 건축 가능 범위는 물론 해당 지역의 용도지역, 용도지구, 건폐율, 용적률 등까지 거의 모든 정보를 알 수 있다. 포털 검색창에 '토지이용규제서비스' 또는 '토지이음', '토지이용계획확인원'을 검색하면 통폐합된 토지이음 사이트로 접속되는데, 별도의 회원가입 없이 이용할 수 있다. 땅에 건축물을 지을 때 기본적으로 필요한 공적장부가 토지이용계획확인원이다. 해당 토지의 행위 제한 내용이 확실하게 구분된다. 토지이용계획확인원을 발급받으면 토지의 기본 정보와 규제 사항들이 보기 좋게 나열되어 해당 토지에 어떤 건축물을 지을 수 있는지 파악할 수 있다. 기본정보 이외에 도면도 확인할 수 있는 데 축척을 조절하면서 보기에도 편리하다.

토지 및 건축물의 등기부등본을 확인하려면 '인터넷 등기소(www.iros.go.kr)'에서 발급받을 수 있고, 토지 및 임야대장과 건축물대장 등은 '정부24(www.gov.kr)'에서 열람하거나 출력할 수 있다.

주변 개발 정보는 씨리얼 부동산 서비스

2007년도에 처음으로 온나라 부동산정보 통합포털이 탄생했다. 이후 발전을 거듭하면서 2018년도에 씨리얼 부동산 서비스SEEREAL, https://seereal.lh.or.kr/main.do로 재탄생되었다. 한국토지주택공사에서 운영하는 부동산정보 공공 포털서비스로 사용자에게 실생활에 유익한 부동산 콘텐츠 개발 및 서비스 사용성 증대를 위해 쉽고 편리하게 활용할 수 있는 게 특징이다. 토지, 주택 등 부동산 정보를 지도에서 쉽게 확인할 수 있고 통계, 추세, 전문가 분석 등 다양한 콘텐츠 제공으로 누구나 쉽게 이용 가능한 종합 서비스를 제공하고 있다. 이러한 무료 서비스들로 손품을 먼저 팔았다면, 그 다음은 실제 발품을 팔 차례이다.

현지답사 가서 놓치면 후회할 것들

예로부터 우리나라 사람들은 배산背山, 임수臨水, 접도接道, 남향南向을 집터의 중요한 요건으로 꼽았다. 즉 뒤로 산을 등지고 앞으로 물이 흘러 조망할 수 있을 뿐만 아니라, 도로에 근접해 이동이 쉽고 볕이 잘 드는 남향이라야 적정지라는 것이다. 그래서 일반인들에게는 이상적인 전원주택지라는 인식이 자리 잡았는지 모르겠다. 그러나 그처럼 두루 조건을 갖춘 땅은 찾기도 힘든 데다, 이미 주택이 들어섰거나 땅값이 만만치 않기 마련이다. 모든 조건을 갖추지 못했더라도 한두 가지 마음에 드는 구석이 있다면 그곳을 선택하는 게 시간과 노력을 절약하는 지름길이다. 온라인을 통해 세부적인 정보 습득이 끝나서 입지를 좁혀 놨다면, 이제 진짜 현장 답사를 나가야 한다. 대다수 사람은 계절이 좋은 봄과 가을에 일반적으로 땅을 보러 다니는데, 제대로 고르려면 겨울에 돌아다니는 것이 좋다. 봄, 여름, 가을에는 숲이 우거져 제대로 볼 수 없을 수도 있지만, 겨울에는 정확하게 땅의 모양새를 판단할 수 있기 때문이다. 특히 임야의 경우는 더욱 그러하다. 도시 인근이라면, 이웃들 퇴근 후 시간에 방문해서 주변 주차 상황도 확인해 보는 것이 좋다.

진입로 확보가 관건이다

이른바 '맹지盲地'란 도로와 맞닿은 부분이 전혀 없는 토지로, 일단 주택이 들어설 자리는 아니니다. 그러나 싼 가격으로 구매할 수 있다 보니, 사람들은 맹지를 사서 진입로를 확보하고자 한다. 그러나 토지매입 전, 반드시 진입로 확보를 전제로 한 계약이 이루어져야 한다. 차선책으로는 현황도로를 측량하여 인근 토지도로에 편입된 소유주들에게 사용승낙 동의를 얻는 방법이 있으나, 마음같이 쉽지는 않다.

이도 저도 안된다면 땅 구입을 포기하는 것이 뒤탈이 없다. 맹지가 아니어도 진입로가 너무 협소하거나 경사가 심하면 일상생활이 불편할 수 있다. 겨울철 눈길도 예상해서 차량 진입이 어떤지 살피는 것도 빼놓지 말아야 할 포인트이다.

권리관계가 복잡한 땅

아무리 땅이 마음에 들어도 등기부등본의 권리관계를 꼼꼼하게 파악해야 한다. 개중에 소유나 이용 측면에서 복잡한 땅이 적지 않다. 공유지분이나 기존 건물에 지상권이 설정된 땅, 종중 명의 땅, 소송이나 경매가 걸려 있고 압류 · 가압류 · 가처분과 담보가 설정되거나 세금 체납이 된 땅 등은 반드시 전문가와 상의 후 구매 여부를 결정한다.

훗날 매매 또는 건축에 대비하라

나중에 집을 짓기 위해 미리 땅을 사두는 경우라 해도, 언젠가 한 번은 팔 수 있다. 그래서 토지에 어느 정도까지 건축할 수 있는지가 중요하다. 또한 같은 규모의 땅이라도 대지 여건에 따라 주택의 형태나 배치가 달라질 수 있으며, 건축할 수 있는 최대면적도 달라질 수 있기 때문에 건축적인 측면도 함께 고려해 이왕이면 토지 이용률이 높은 토지, 건폐율과 용적률이 큰 토지를 선택하는 게 유리하다.

토목공사가 얼마나 들지

전원생활을 꿈꾸는 이들의 그림은 그야말로 제각각인데, 개중에는 유독 누구에게도 방해받지 않는 동떨어진 임야를 고집하는 사람이 있다. 임야가 농지를 활용하는 것보다 수월하고 지가도 저렴한 장점이 있으나, 대부분 덩치가 큰 편이라 구미에 맞는 매물을 접하기가 쉽지 않다. 설사 적당한 규모의 임야를 사더라도 경사가 심한 곳이라면 당장 진입로는 둘째치더라도, 터를 다지기 위한 대대적인 절토와 성토는 물론 축대, 옹벽 등 토목공사에 큰 비용이 소요될 수 있음을 주의하자. 여기까지는 누구나 어느 정도 예상할 바인데, 미처 생각이 미치지 못하는 것이 전화와 전기 가설에 대한 문제다. 기존에 서있는 전봇대나 전신주로부터 일정 거리를 넘어서면 추가적인 가설비용을 자비로 부담해야 하는데, 심한 경우 몇천만 원의 비용이 소요될 수도 있다.

구옥이 있는 경우 지상권 확인까지

절차상으로나 비용면에서 가장 효율적인 전원주택 마련법은 구옥을 매입해 리모델링하는 것이다. 일정 조건만 갖추면 과세에 대한 부담이 적고, 이미 주택의 형태를 갖추었기 때문에 각종 인허가 관계도 까다롭지 않다. 다만 현실적으로 마음에 딱 들어맞는 농가를 찾기가 힘들고, 리모델링은커녕 허물고 신축을 해야 할 정도의 폐가를 접하는 경우가 다반사다. 구조적으로 안정성을 장담할 수 있고, 평당 백만 원을 넘지 않는 선에서 개보수할 수 있다면 채산성이 있는 농가로 볼 수 있다.

농촌주택을 선택할 때는 특히 대지와 주택의 소유주가 일치하는지도 확인해야 한다. 땅 주인과 주택 소유주가 별개인 경우, 난데없이 집주인이 나타나 지상권을 주장하면 해결하기가 녹록지 않다. 이를 예방하려면 마찬가지로 토지대장, 건물등기부등본, 건축물대장, 가옥대장 등을 꼼꼼하게 확인해 보는 길밖에 없다.

주변 환경이 땅의 가치를 좌우한다

땅 그 자체로는 위치나 향, 경사도, 진입로 확보, 지질 상태 등 나무랄 데 없지만 정작 주변 환경과 조건 때문에 망설이게 되는 경우가 있다. 땅을 중심으로 2㎞ 내에 혐오시설, 기피시설, 위험시설, 군시설이 있다면 일단 선택지에서 제외하는 게 상책이다. 축사나 양계장은 악취 때문에 여름 나기가 정말 곤혹스럽다. 또한 각종 화학품을 사용하는 공장의 냄새나 지하수 오염 역시 만만치 않은 문제이다. 이런 악조건과 달리 상대적으로 관광명소, 휴양림, 골프장, 강 · 호수지 근처는 주택지로 이점이 많다. 그러나 조건이 좋은 만큼 자연환경보존지구나 상수원보호구역, 공원구역, 보존임지일 확률이 높아 활용에 제약이 따른다.

집터로 피해야 할 곳	집터로 바람직한 곳
· 대지의 남서쪽이나 동남쪽이 높고 북동쪽이나 서북쪽이 낮은 지형바람이 심한 날에도 바람 한 점 없는 곳 · 주변의 높은 산으로 인해 하루 중 잠깐밖에 볕이 들지 않는 곳 · 습지를 메운 곳 · 도로나 제방보다 대지가 낮은 곳이나 경사가 심해 진출입이 어려운 곳 · 유원지나 관광지와 인접해 사람들의 출입이 빈번한 곳 · 큰 바위나 거목이 있는 주변 · 대형 송전선이 지나가는 자리 · 앞마당에 절벽이 버티고 있는 곳 · 낭떠러지나 경사가 심한 산 중턱에 축대를 쌓아 만든 곳	· 대지의 서북쪽은 높고 동남쪽이 낮은 터전 · 부드러운 토질에 색깔 또한 일정한 지역 · 주변에 자라는 나무는 잡목보다 소나무와 같이 기품 있는 곳 · 경사가 완만한 곳 · 대지의 앞쪽은 좁고 뒤쪽은 넓은 곳 · 대지가 도로나 진입로보다 높은 곳 · 좁은 개울보다 넓은 개울이 좋고, 물 흐르는 소리조차 들리지 않을 만큼 흐름이 완만한 곳 · 지적도상에 도로가 있는 땅 · 지하수 개발에 어려움이 없는 땅 · 물이 멀리 보이는 땅

땅의 활용도에 대한 지표, 건폐율과 용적률

건축물 규모는 건폐율과 용적률에 의해 결정된다. 도심에 건물을 지을 때는 아주 민감한 기준이 되지만, 일반 전원주택에서는 크게 문제될 바는 없다. 다만, 용도지역상 관리지역에서는 꼼꼼하게 따져봐야 한다.

건폐율

건폐율이란 건물의 바닥면적이 토지의 면적에서 차지하는 비율을 말한다. 즉, 어떤 토지에 건물을 지을 때 그 토지에 지을 수 있는 건물면적을 말한다. 쉽게 예를 들자면, 100평 토지에 바닥면적이 60평인 건물을 짓는다면 이 토지 대비 건물의 건폐율은 60%가 되는 것이다. 그렇다면 건축주는 자신의 토지에 건폐율이 높은 건물과 낮은 건물 중 자신에게 선택권이 주어진다면 어느 건물을 건축하고 싶어 할까? 당연히 건폐율이 높아 조금이라도 면적이 넓은 건물을 선호할 것이다. 그러나 모두가 건폐율 90%, 100%인 건물만 짓는다면 건물과 건물 사이가 너무 가까이 붙어 일조권 및 화재 등 2차 피해가 발생하기 쉽다. 때문에 지역마다 건폐율과 용적률에 각각 제한을 두어 대지를 보다 효과적이고 합리적으로 조성하도록 제한하고 있다.

용적률

용적률은 토지면적에 대한 연면적의 비율이다. 연면적이란 건축물 바닥의 면적을 모두 더한 합계로 토지에 들어서는 건물의 연면적 비율이 바로 용적률이다. 연면적은 지하부터 주차장, 지상층까지 모든 층수의 바닥면적을 합하여 나타내지만, 용적률은 지하층과 모든 층의 주차장의 바닥면적을 포함하지 않는 지상층의 바닥면적이다.

용적율은 [건축물의 연면적 / 대지면적 × 100]으로 계산할 수 있다. 예를 들어, 100평에 건폐율 50%인 4층 건물을 지었다면 각 바닥면적의 합계인 200평 연면적의 건축물 용적률은 200%인 셈이다. 용적률은 당장 땅의 가치를 구분 짓는 요소인 동시에 건축물을 몇 층 높이로 세울 수 있는지를 가늠하는 척도이기 때문에 중요하다.

국토계획법에 따른 용도지역별 최대한도 범위가 규정되는데, 지자체마다 도시계획조례와 같은 자치법규에 의해 건폐율과 용적률을 정하고 있어 사전에 지역별 해당 관청에 확인하는 것이 확실하다. 아울러 지상이나 지하주차장, 발코니, 필로티 등 일반적이지 않은 건축계획이라면 건폐율과 용적률 산정이 복잡해져서 전문가에게 의견을 구하는 것이 바람직하다.

ADVICE / 토지이용규제정보시스템(LURIS)를 통한 토지 분석

필자도 시골 땅을 토지이용규제정보시스템에 들어가 주소를 입력해봤다. 같은 마을인데도 고향집은 산 아래 있어서 계획관리지역에 속해 건폐율 40%인데, 바닷가 옆에 자리한 이웃 주택들은 보전관리지역으로 건폐율이 20%에 불과하다. 계획관리지역에 땅을 100평 구매하면 건폐율이 40%이니 최대 단층면적 40평인 집을 지을 수 있으나, 보전관리지역은 건폐율이 20%에 불과해 100평을 구입해도 한층 최대면적을 20평 이상 지을 수 없다. 땅을 구매할 때에는 필히 건폐율과 용적률에 주목해야 한다. 한 예로 규제지역 중 1종 주거지역은 건폐율의 최대한도를 60% 이하로 지정해 놓았기 때문에 이 지역은 건물을 지을 때 건폐율이 최대 60%의 건물만 지을 수 있다. 이런 건폐율을 계산하는 방법은 [건축면적 / 대지면적 × 100]을 해주면 된다. 여기서 주의할 점은 발코니는 건폐율과 용적률에 포함되지만 베란다는 포함되지 않는다. 발코니 공간의 경우도 가로 폭이 1.5m 이하라면 연면적에서 제외가 된다는 것도 알아둘 필요가 있다.

용도지역·용도지구·용도구역 구분하라

인접한 땅이지만 도로를 사이에 두고 가격이 다른 경우를 볼 수 있다. 이때 가장 먼저 토지 용도를 확인해야 한다. 따라서 용도지역, 용도지구, 용도구역 개념에 주목할 필요가 있다.

용도지역구분				건폐율 (%)	용적률(%)
1.도시지역	주거지역	전용주거지역	제1종 전용주거지역	50% 이하	50~100%이하
			제2종 전용주거지역	50% 이하	100~150%이하
		일반주거지역	제1종 일반주거지역	60% 이하	100~200%이하
			제2종 일반주거지역	60% 이하	150~250%이하
			제3종 일반주거지역	50% 이하	200~300%이하
		준주거지역		70% 이하	200~500%이하
	상업지역		중심상업지역	90% 이하	400~1500%이하
			일반상업지역	80% 이하	300~1300%이하
			근린상업지역	70% 이하	200~900%이하
			유통상업지역	80% 이하	200~1100%이하
	공업지역		전용공업지역	70% 이하	150~300%이하
			일반공업지역	70% 이하	200~350%이하
			준공업지역	70% 이하	200~400%이하
	녹지지역		보전녹지지역	20% 이하	50~80%이하
			생산녹지지역	20% 이하	50~100%이하
			자연녹지지역	20% 이하	50~100%이하
2.관리지역	보전관리지역			20% 이하	50~80%이하
	생산관리지역			20% 이하	50~80%이하
	계획관리지역			40% 이하	50~100%이하
3.농림지역				20% 이하	50~80%이하
4. 자연환경보전지역				20% 이하	50~80%이하

토지 용도의 상위 개념, 용도지역

토지의 이용 및 건축물의 용도, 건폐율, 용적률, 높이 등을 제한하여 토지를 경제적으로, 효율적으로 이용하고자 지정한 지역을 말한다. 일단 땅의 용도가 규정되면 지을 수 있는 건축물의 종류는 토지의 용도에 따라서 정해지고 해당 건축물의 용적률, 건폐율 등으로 규제된다.

지역		세분	지정 목적
도시 지역	주거 지역	제1종 전용주거 제2종 전용주거 제1종 일반주거 제2종 일반주거 제3종 일반주거 준주거	-단독주택 중심의 양호한 주거환경 보호 -공동주택 중심의 양호한 주거환경 보호 -저층주택 중심의 주거환경 조성 -단독중층 중심의 주거환경 조성 -중고층주택 중심의 주거환경 조성 -주거기능에 상업 및 업무기능 보완
	상업 지역	중심상업 일반상업 근린상업 유통상업	-도심, 부도심의 상업, 업무기능 확충 -일반적인 상업 및 업무기능 담당 -근린지역의 일용품 및 서비스 공급 -도시내 및 지역간 유통기능 증진
	공업 지역	전용공업 일반공업 준공업	-중화학공업, 공해성 공업 등을 수용 -환경을 저해하지 않는 공업의 배치 -수용 및 주,상,업무기능의 보완
	녹지 지역	보전녹지 생산녹지 자연녹지	-도시의 자연환경, 경관, 산림 및 녹지공간 보전 -농업적 생산을 위하여 개발을 유보 -보전할 필요가 있는 지역으로 제한적 개발 허용
관리 지역	보전 관리 생산 관리 계획관리		-보전 필요하나 자연환경보전지역으로 지정이 곤란한 경우 -농,임,어업 생산 위해 필요, 농림지역으로 지정이 곤란한 경우 -도시지역 편입이 예상, 계획적 체계적 관리 필요
농림지역			농림업의 진흥과 산림의 보전을 위해 필요
자연환경보전지역			자연환경등의 보전과 수산자원의 보호, 육성

환경을 중시하는 용도지구

용도지역 제한을 강화 또는 완화하여 적용함으로써 용도지역 기능을 증진시키고 미관, 경관, 안전 등을 도모하기 위해 결정하는 지역을 말한다. 용도지구는 용도지역을 별도의 지구로 분류해 규정하여 미관, 경관 등에 대한 규제를 보다 강화한 것이라 할 수 있다. 규제의 목적에 따라 지구가 정해지는데 같은 지역에 중복하여 용도지구를 여러 개 지정할 수도 있다. 용도지구는 경관지구, 미관지구, 고도지구, 방화지구, 방재지구, 보존지구, 시설보호지구, 취락지구, 개발진흥지구, 특정용도제한지구로 구분되며, 각각의 지구 내에서 다시 세분하여 지정할 수 있다.

용도지구 구분		지정 목적
경관지구	자연경관지구	자연경관 보호, 도시 자연풍치 유지
	수변경관지구	주요 수계의 수변 자연경관을 보호, 유지
	시가지경관지구	주거지역의 양호한 환경조성과 시가지의 경관보호
미관지구	중심지미관지구	토지이용도가 높은 지역의 미관을 유지, 관리
	역사문화미관지구	문화재와 보존가치큰 건축물 등의 미관을 유지,관리
	일반미관지구	중심미관, 역사문화미관 이외의 곳의 미관을 유지
고도지구	최고고도지구	도시환경과 경관보호, 과밀방지 위해 최고한도 정함
	최저고도지구	토지이용고도화, 도시경관보호 위해 최저한도 정함
방화지구		화재위험 예방을 위해 필요한 지역의 건물구조 규제
방재지구		풍수해, 산사태, 지반의 붕괴 기타 재해의 예방
보존지구	문화자원보존지구	문화재와 문화적으로 보존가치가 큰 지역의 보호, 보존
	중요시설보존지구	국방상, 안보상의 중요한 시설물의 보호, 보존
	생태계보존지구	동식물서식처 등 생태적 보존가치가 큰 지역의 보호, 보존
시설보호지구	학교시설보호지구	학교의 교육환경을 보호, 우지
	공용시설보호지구	공용시설을 보호하고 공공업무기능을 효율화
	항만시설보호지구	항만기능을 효율화하고 한만시설의 관리, 운영
	공항시설보호지구	공항시설의 보호, 항공기의 안전운항
취락지구	자연취락지구	녹지지역 등의 취락을 정비하기 위한 지구
	집단취락지구	개발제한구역 안의 취락을 정비하기 위한 지구
개발진흥지구	주거개발진흥지구	주거기능을 중심으로 개발, 정비
	산업개발진흥지구	공업기능을 중심으로 개발, 정비
	유통개발진흥지구	유통, 물류기능을 중심으로 개발, 정비
	관광, 휴양개발 진흥지구	관광, 휴양기능을 중심으로 개발, 정비
	복합개발진흥지구	위의 2가지 기능을 중심으로 개발, 정비
특정용도제한지구		주거기능, 청소년 보호 등을 목적으로 특정시설입지를 제한
위탁지구		위락시설집단화로 다른 지역의 환경을 보호
리모델링 지구		노후밀집지역에서 현재의 환경을 유지하면서 정비

합리적인 토지 이용, 용도구역

용도지역 및 용도지구가 정해진 곳에 추가로 지정할 수 있다. 토지 이용이나 건축물 용도, 건폐율, 용적률, 높이 등에 대한 기존 제한을 강화하거나 완화함으로써 시가지의 무질서한 확산방지, 계획적이고 단계적인 토지 이용을 도모하기 위하여 도시 · 군 관리계획으로 정한다. 따라서 모든 토지에 적용되는 것이 아니라 필요한 지역에만 적용된다. 용도구역은 개발제한구역, 시가화조정구역, 수자원보호구역, 도시환경공원구역으로 나눠진다.

용도구역 구분	내용
개발제한구역	흔히 '그린벨트'라고 한다. 도시의 무질서한 확산을 방지하고 도시 주변의 자연환경을 보전함으로써 도시민의 건전한 생활 환경을 확보하거나 도시의 개발을 제한할 필요가 있는 경우, 또는 보안상 국방부장관의 요청이 있어 도시의 개발을 제한할 필요가 있다고 인정될 경우 국토교통부 장관이 지정하는 구역이다.
도시자연공원구역	도시의 자연환경 및 경관을 보호하기 위함이다. 도시민에게 건전한 여가 공간이나 휴식공간을 제공하기 위해 도시지역 안에서 식생이 양호한 산지의 개발을 제한할 필요가 있다고 인정될 경우 시도지사 또는 대도시의 시장이 지정하는 구역을 말한다.
시가화조정구역	도시지역과 그 주변 지역의 무질서한 시가화를 방지하고, 계획적이고 단계적으로 개발하기 위해 5~20년 동안 시가화를 유보할 필요가 있다고 인정될 경우 시도지사가 직접 지정하거나 관계 행정기관의 장의 요청을 받아 지정하는 구역이다.
수산자원보호구역	수산자원을 보호 육성하기 위해 필요한 공유수면이나 그에 인접한 토지에 해양수산부장관이 직접 지정하거나 관계 행정기관장의 요청을 받아 지정하는 구역이다.

염두에 두고 있는 땅이 어떤 용도지역, 용도지구, 용도구역에 속하는지 또 구체적인 규제 내용을 알고자 한다면 해당 토지이용계획확인서에서 확인하면 된다. 더욱 정확한 내용은 해당 토지가 속한 시 · 군 · 구청의 지적과에 문의해 보는 것이 가장 확실하다.

제2장

설계와 건축시공 검토

- 설계는 건축의 필요충분조건
- 건축비를 절감할 수 있는 설계
- 이렇게 하면 건축비 반드시 오른다
- 건축 전 체크해야 할 기본요소
- 건축 성패 좌우하는 시공자 선정하기
- 견적서 검토와 계약서 작성
- 기술지도 계약이란?
- 직영공사와 현장관리인 배치 제도

설계는 건축의 필요충분조건

좋은 설계가 좋은 집을 만든다. 그 설계는 당연히 건축가가 해야 한다. 법적 절차상으로도 건축사가 그린 도면이 반드시 필요하지만, 우리나라에서 단독주택을 지으면서 건축가의 얼굴을 마주하지도 못하고 설계가 진행되는 현장도 있는 게 사실이다.

우리나라 주택 건축에서 설계가 이루어지는 과정은 다양하다. 우선 유명 건축가에게 의뢰할 경우, 비용은 수천만 원이 들겠지만 집은 그의 이름값에 상응하는 작품으로 평가받는다. 잘하면 건축가의 포트폴리오에 오를 수도 있는 일이다. 다만, 건축가가 건축주에게 꼭 들어맞는 설계를 하리라는 보장은 없을 수도 있다는 점은 유념하자.
다음은 규모가 제법 있는 단독주택 설계·시공 회사에 건축을 의뢰하는 경우다. 이들은 건축사사무소와 협력관계에 있거나 회사 내 설계부서를 따로 두고 있다. 모델하우스를 통해 건축주들과 접촉하는 업체가 대부분 여기 속한다. 설계비용은 따로 책정해 받거나 전체 공사비에 포함하기도 한다.

마지막으로, 시공회사가 지역 건축사사무소에 신고와 허가 대행을 맡기는 경우도 있다. 이른바 가설계는 시공회사에서 하고 건축사사무소에서

이를 도면으로 그려 관에 제출한다. 이러한 건축사사무소를 속칭 '허가방'이라 부르는데, 이들은 건축주와 만나는 일도 없고 현장에 나오지도 않는 경우가 적지 않다.

자신의 취향에 맞는 건축가 찾기

좋은 공간을 누릴 수 있는 권리는 제대로 된 설계에서 나온다. 같은 설계 조건과 면적, 재료가 있더라도 건축주에 따라 또 설계자에 따라 그 결과가 너무나 달라지는 것이 주택 설계이다. 건축주는 전문적인 지식과 경험이 없는 것이 당연하다. 자신의 취향을 잘 구현해 줄 건축가를 찾아 원하는 주택의 밑그림을 최대한 전달해야 한다. 설계비용이 부담스럽다면, 건물 내외부에 공들이는 마감재 비용을 아껴보는 것도 방법이다. 인테리어는 돈을 벌어 바꿀 수 있지만, 한 번 지은 집은 다시 짓기 어렵다. 반대로, 단독주택은 설계비가 높지 않아 용역 맡기를 주저하는 설계사무소도 많다. 설사 일을 맡더라도 사무실의 초급 설계자에게 실무를 맡겨 설계의 질이 떨어지는 경우도 있다. 의뢰하고자 하는 건축가의 실적을 열람하고, 시간이 된다면 건축물을 직접 답사해 그곳의 건축주와 이야기를 나누어보는 것이 가장 확실하다.

토목 설계도 놓치지 말아야 할 중요한 관문

건축주들은 토목 설계를 흔히 포크레인으로 땅을 돋우거나 축대를 세우는 등의 실제 공사로 이해한다. 그러나 이는 엄연한 설계의 한 분야로 우수관, 축대, 건축물 배치 등을 도면화하는 작업이다. 또한 집을 지을 수 없는 논, 밭, 임야를 집을 지을 수 있는 대지로 용도를 변경시켜주는 업무도 여기에 속한다. 애초 비싼 대지보다는 전·답이나 임야를 구입하는 경우가 더 많기 때문에 많은 경우 거쳐야 하는 건축의 전前 단계다.

차후 주택 설계 변경 등의 번거로운 상황을 예방하기 위해 애초에 토목 분야의 계획이 구체적으로 수립되는 것이 좋다. 특히 일정 규모 이상의 펜션, 전원카페, 음식점 등은 전용에 따른 규제 조건을 자세히 파악해야 한다. 주택 공사가 거의 마무리된 시점에 토목 문제로 사용 승인을 받지 못하는 사례가 종종 있어서, 사전에 해당 관청에 확인을 받아 시행착오를 겪지 않도록 대비한다.

건축주도 설계를 이해하고 참여해야

많은 사람들은 자동차 한 대를 구입할 때도 차종별로 편의사양과 옵션은 어떻게 되는지 세밀하게 체크하면서 정작 큰 목돈이 들어가는 주택을 지으면서는 꼼꼼하지 못한 편이다. 주택은 한번 짓게 되면 스위치, 수도꼭지 하나도 변경이 어렵기 때문에 면밀한 설계가 필요하다. 설계의 과정은 크게 계획설계, 기본설계, 실시설계로 나뉘어 진행된다.

계획설계	▶ **목표의 설정** : 건축주의 생각 및 요구사항의 파악 ▶ **현황의 수집과 분석** : 대지의 위치 및 면적, 대지의 형상, 주변의 환경, 교통여건, 법규조사 등 ▶ **개념정리** · 기능성에서 활동공간의 그룹화 및 관계설정, 층별 공간 배분, 층간의 연결, 실별 우선순위 설정, 실별 연속성 및 단절 · 형태의 접근성, 기후조건과 향, 조망, 특징 · 경제성 측면의 예산 등을 감안하여 계획을 세우는 것이다. 이런 모든 사항을 설계자 특유의 안목에 해당하는 블랙박스에 투과하여 평면과 입면 등의 디자인을 창조하는 작업이다. 계획설계는 건축에 있어 가장 중요하고 많은 시간을 필요로 한다. 간혹 일반인들이 이 과정을 '가설계'라는 용어로 이해하고 있으나, 이는 계획설계의 중요성을 간과한 것이다.

기본설계	▶ **각종 자재 :** 외장재, 지붕재, 창호재, 내장재 및 위생기구에 대한 검토 및 결정 ▶ **구조 :** 구조법의 종류 즉, 콘크리트, 조적조, 목조 혹은 스틸 스터드 구조에 대한 검토 및 결정 ▶ **기계설비 :** 냉·난방 방식, 위생(급수, 급탕, 배수)방식에 대한 검토 및 결정 ▶ **전기설비 :** 등기구의 형식 및 위치와 이에 따르는 스위치의 조작 위치 및 각종 콘센트의 위치 ▶ **약전설비 :** 전화 및 TV수구의 형식 및 위치 등의 사항을 결정한다. 기본설계에서는 그 공간과 형태에 편리성을 부여하는 단계로 여기까지 건축주의 참여가 요구된다.
실시설계	▶ 각종 마감의 상세 및 창호에 관련된 도면 작성 ▶ 기초에서 지붕까지 골조에 대한 상세 및 각종 철근의 배근도 작성 ▶ 냉난방 및 위생과 관련된 장비 및 배관도면 작성 ▶ 전기 및 약전설비, 등기구의 종류 및 위치, 이들의 제어방법과 배치와 관련된 전기 콘센트, 전화 및 TV 등 각종 수구의 위치 도면 작성이 구성된다.

건축비를 절감할 수 있는 설계

건축비는 설계도면에 근거하여 소요되는 자재의 물량을 계산하고, 자재목록 및 시방서에 의해 가격을 대입하여 산출한다. 따라서 건축의 예산에 맞는 정확한 건축비를 산정하기 위해서는 설계단계에서부터 주택의 평면, 지붕의 형태와 관련한 입면 뿐 아니라 자재의 등급 및 종류까지지도 미리 결정해야 한다. 이 결정사항을 토대로 실시설계 도면건축, 구조, 설비, 전기 및 시방서를 작성하면 총건축비를 미리 산정할 수 있다.

시공자들은 공사견적을 낼 때 2차원적으로는 면적을 살피고, 3차원적으로는 벽체량 등의 물량을 따진다. 따라서 테라스든, 데크든, 다락이든 '공사가 행해지는 모든 공간'은 공사비가 책정되며, 건축비에 산정된다. 그러다 보니 시공자는 건축주가 '수치상 면적'에서 배제한 모든 공간을 면적에 넣고 계산을 하고, 이렇게 했을 때 계산되는 평당 건축비는 낮아질 수밖에 없다.

또, 시공자가 견적을 낼 당시에 보일러나 에어컨 등의 설비, 데크 등의 외부 공간 등 변수가 생길 수 있는 부분들을 제외하고 계산하여 공사금액 자체를 낮게 산정하여 제시하는 때도 있어 표면적으로는 평당 건축비가 더욱 낮아 보이게 된다. 결국 건축주는 건축면적에 포함되지 않는 면적을 제외하고 따지다 보니 평당 건축비가 높게 계산되는 것이다. 반면, 시공자는 실제 공사가 진행된 모든 면적과 비용으로 건축비를 계산하거나 견적 시에는 불분명한 내역들은 제외하기 때문에 제시되는 평당 건축비가 낮게 책정된다.

직사각이나 요철을 줄여 벽체길이를 줄인다

정사각형이 아닌 요철이 많거나 가느다란 형태는 건축비가 상승할 수 있다. 같은 면적인데도 가로세로 변의 길이 차이가 크면 벽체량이 꽤 늘어나게 된다. 단순한 평면일수록 공사비가 적게 드는 게 당연하다. 외벽의 길이가 늘어나면 그만큼 많은 재료와 인건비가 들어 갈 수밖에 없기 때문이다. 그와 더불어 벽 모서리들이 많아지고 지붕 형태가 복잡해지므로 단순한 형태의 건물에 비해 에너지 효율이 떨어지고 하자의 소지도 훨씬 크다.

지붕은 단순하게 디자인한다

지붕은 시공비의 많은 부분이 할당되는 곳이다. 우리나라는 적설량이나 강우량이 과다하지 않으므로 약 30° 정도의 표준경사 지붕으로 처리하는 것이 일반적이다. 경사지붕은 박공이나 모임지붕으로 설계되고, 합각지붕은 두 가지 지붕 형태를 모두 갖추도록 설계되고 있다. 모임지붕은 박공지붕보다 시공은 다소 어렵지만, 벽 면적과 자재를 줄일 수 있는 장점이 있다. 주택 평면은 단순하게 처리하고 현관, 포치Porch, 데크Deck 등 부가적인 요소를 첨가해 주택 형태의 변화를 연출하는 것이 좋다.

2층 주택보다는 단층에 다락방이 경제적이다

반드시 2층 주택으로 해야 할 이유가 없다면, 가능한 단층구조에 부분 다락 공간을 활용하는 것이 2층 구조보다 공사비를 절약할 수 있는 비결이다. 실내 천장은 필요하면 부분적으로 경사 천장을 채택하되 평 천장이 경제적이다.

배관과 동선을 최소화한다

설비배관은 배관 길이가 최소화될 수 있도록 욕실, 주방, 다용도실 등 관련 공간을 집중적으로 배치한다. 거실, 주방, 식당, 가족실로 이어지는 주생활 공간의 유기적인 연계성을 부여한다. 주부들의 주활동 공간을 편리하게 유도할 필수적인 요소들을 반영한다.

표준 길이의 자재를 사용한다

주택의 폭과 길이는 재료의 손실을 막기 위해 표준 길이의 장선과 서까래를 사용하고 표준 간격을 적용하도록 설계한다.

인테리어는 힘줄 곳만 포인트로 한다

집 전체에 모두 치장하기보다는 현관 바닥, 화장실, 아트월 등 한두 곳만 포인트로 고급자재를 써서 실내 장식을 하는 것이 경제적인 방법이다.

ADVICE / 평당 공사비를 좌우하는 요인

- 부지의 경사도에 의한 기초높이
- 천장, 비중, 처마의 폭, 벽체높이
- 주택의 형태 [코너 수], 문의 크기와 수량
- 주택의 층수
- 데크 및 다락방의 설치 여부
- 난방시스템의 선택
- 내외장재 특히 시스템 창호의 선택

이렇게 하면 건축비 반드시 오른다

일반 단독주택의 건축 관행은 설계 상세도가 없는 경우가 많다. 설령 상세도가 있더라도 그것이 현장에서 그대로 지켜지는 예는 매우 드물다. '설계 따로, 시공 따로'라는 말이 있듯이 설계자는 살아 있는 도면을 그리지 못하고, 시공기술자는 그동안의 편리와 시공관행에 익숙해져 도면대로 시공하지 않는 경우가 적지 않다.

설계사무실이든 시공사든 제시한 설계도가 건축주의 기대만큼 완벽하지 못한 경우, 잦은 설계 변경으로 공사 기간의 지연뿐만 아니라 추가적인 시공비와 자재비 상승을 불러오게 된다. 그러다 보면 추가비용을 두고 건축주와 시공사 간 마찰이 생기기 마련이다.

잦은 설계 변경과 건축주의 선택 장애

가족 구성원들 간의 의견 불일치로 하던 공사를 다시 뜯고 재시공하는 경우가 많다. 남편과 아내의 의견 차이로 안방의 창 크기가 주말마다 번복되는 웃지 못할 경우도 경험했다. 공사 중이라도 더 좋은 아이디어가 나오면 약간의 변경은 있을 수 있겠지만, 이런 일이 반복되다 보면 큰 낭비로 이어진다. 일당을 받는 목수 한 명의 일급은 숙식비를 합하면 꽤 된다. 만약 5명의 목수가 투입된 현장에서 의사결정 지연으로 작업을 중지하고 기다린다면 시간당 손실이 적잖은데, 이런 일이 현장에서 빈번히 발생한다. 만약, 했던 작업을 다시 변경하여 재작업이 들어간다면 시공에 낭비한 시간, 철거하는 시간, 재시공하는 시간까지 누적되어 세 배의 손실이 발생하는 셈이다. 잦은 변경으로 인한 자재 반송 및 신규 반입 과정에서의 손실, 운임 중복 지출, 새로운 대체 자재를 찾기 위한 시간 낭비, 특정한 작업일정에 맞추어 대기하던 시공팀들 간의 혼란 등 눈에 보이지 않는 손실도 무시할 수 없다. 이러한 비용들로 인한 시간적·금전적 손실누적이 커지면 시공자는 정작 신경 써야 할 중요한 공정을 소홀히 하거나 건너뛰게 되어 결국 건축주의 피해로 이어진다.

처음 정해진 설계안대로 변경 없이 진행되어 작업 중단이나 변경, 착오로 인한 재시공을 최소화하는 노력이 필요하다. 자재와 공법 선정단계에서 신속한 의사결정으로 작업자들의 대기시간을 단축하는 시간 관리가 매우 중요하다. 이것이 가능하기 위해서는 시공자와 건축주의 사전 의견 조율과 합의가 우선되어야 하는데, 건축비라는 이해관계가 얽혀 있는 상황에서 결코 쉬운 일은 아니다. 상호 신뢰와 양쪽의 배려가 반드시 필요하다. 설계자와 시공자, 가족 구성원들의 의견 조율도 설계단계에서 모두 마쳐 공사 중 변경을 최소화한다.

실속 없는 과시용 외장재

애초에 건축주들은 한결같이 '나는 복잡하게 꾸미지 않고 저렴하게 지을 생각'이라고 말을 하지만, 실제로 고르는 마감재의 수준을 보면 높은 기대치를 포기하지 못한다. 평생 한 번 짓는 집인데 '기왕이면 조금 더'가 쌓여 어느새 부담스러운 수준으로 늘어나는 경우를 어렵지 않게 접한다. 집을 과시하기 위한 허영심이 강할수록, 건축비는 고무줄처럼 늘어나는 게 당연하다.

외관에 치중하여 너무 많은 종류의 외장재를 사용하면 각 재료 간의 이질성으로 인해서 하자 발생의 소지가 크다. 또한 외장재 시공 면적 대비 자재비, 인건비가 증가하게 된다. 결과적으로 주택의 유지 및 보수에 큰 비용과 시간이 들게 된다. 그러므로 내구연한에 따른 유지·보수가 쉬운 외장재를 선택하고 공사 경험이 많은 시공사의 의견과 조언을 수렴하여 보다 나은 결과를 도출하기 위한 노력이 필요하다.

추가 공사비에 대한 분쟁

대개 시공사마다 약간 차이는 있지만 공통으로 기본 견적에서 제외되는 '별도품목'이 있다. 건축주는 이를 여러 가지 선택사양과 관련한 공사로만 알고 있는데 엄밀히 말하자면 건축공사 이외에 행해지는 모든 부대공사를 일컫는다. 가구공사, 정화조, 각종 인입, 조경공사, 대문 및 담장공사, 부지조성 및 토목공사 등이 있으며 일반적으로 건축비 예산에서 제외되는 경우가 대부분이다.

사전에 시공사에 별도품목을 확인하고 예상 비용에 관하여 별도의 견적서를 받는 게 좋다. 공사 진행 도중에 별도품목에 대하여 협의를 하게 되면 시공사 측에서 더욱 높은 공사비를 요구할 가능성이 높고 건축주 입장에선 비싸도 원만한 마무리를 위하여 울며 겨자 먹기 식으로 요구에 응해줄 수밖에 없기 때문이다. 건축주는 상담 및 설계 시 마감 사양에 대한 구체적인 의사 표현을 하고 시공사는 이를 바탕으로 상세한 견적서를 건축주에게 제시해야 한다. 그리고 견적서는 공정별로 작성하되 제품명, 수량, 규격 등이 정확하게 기재되고 재료비, 시공비, 경비 등으로 자세히 나누어 명기해야 한다. 그렇지 못하면 마감재의 교체 및 재시공 등으로 인해 불필요한 건축비가 들거나 시공사와 분쟁이 생길 여지가 있다.

건축 전 체크해야 할 기본요소

건축과 관련된 물은 크게 식수, 생활용수, 오수, 우수, 잡배수로 나뉜다. 도시에서는 수돗물을 정수해 식수로 사용하고 목욕, 청소, 화초재배 등에 두루 쓴다. 하지만 시골 지역 대부분은 수도를 댈 수 없으므로 지하수를 파는 것이 일반적이다. 우리나라는 국토의 70%가 산지이기 때문에 지하수가 풍부한 편이지만, 간혹 부지가 지하수보전지역에 속해 개발이 제한되거나 관정을 파도 물 한 방울 안 나오는 땅도 있다. 따라서 건축 전 주변 집들이 어떻게 물을 조달하는지 살피고, 본인의 땅에 지하수가 나오는지 아닌지를 미리 체크해야 한다. 그렇지 않으면 먼 거리에서 막대한 비용을 들어 물을 끌어다 써야 하는 상황이 발생할 수도 있다. 다만, 지하수가 나온다고 의심 없이 쓰기 전에 지표에서 농약이나 가축의 분뇨 등 오염물질이 스며들 가능성도 살펴봐야 한다. 사용 전, 반드시 수질검사를 하고 2~3년에 한 번꼴로 정기적인 검사를 받는 것이 좋다.

없어서는 안 될 전기

전기는 어느 정도의 기반시설이 되어 있는 마을 근처라면 어렵지 않게 끌어 쓸 수 있다. 하지만 동떨어진 곳에 집을 짓는다면 전기를 끌어오는

데 필요한 전신주, 전선, 계량기 등의 공사비용을 자비로 부담해야 한다. 전기 신청은 개인 또는 전기공사 면허업체가 대행하며, 외선공사전주에서 주택까지 배선 및 계량기 설치는 총괄적으로 처리해 준다. 종전에는 전주에서 200m 이내 거리의 연결은 한전에서 기본요금에 설치해 주었지만, 이 거리를 넘어서면 1m당 약 5만 원 정도의 금액을 자비로 부담해야 한다.

반면, 태양열 전지판을 통해 전기를 얻는 방법을 고려하는 경우도 있는데, 직사광선이 내리쬐는 날이 아니면 전기 생산이 쉽지 않고 그 양도 충분치 않아 보조적인 수단으로만 사용된다.

가스가 없는 곳에서의 대안

도시지역이 아니라면 도시가스LNG는 포기해야 한다. 가스는 난방, 요리, 온수의 열원으로 쓰일 수 있지만, 사용량이 많지 않다면 이 모든 것을 전기로 대체할 수 있다. 그러나 극단적으로 전기만 가지고 냉난방, 온수, 취사를 모두 하면 이는 누진세 때문에 비용 부담이 크다. 온수와 취사는 가스로, 난방은 전기필름으로 대체하는 곳도 있다. 요즘은 대부분 액화석유가스LPG를 사용하거나 태양열, 지열을 이용하는 사례도 많아졌다. 정부와 지자체 지원을 받을 수 있는지 미리 검토해 신청한다.

생활오수 처리하는 정화조

쓴 물, 즉 생활오수와 잡배수의 처리를 위해서는 반드시 정화조를 설치해야 한다. 하수도로 바로 빠져나갈 수 있는 물은 빗물 뿐이다. 정화조가 없다면 파고, 정화조와 하수도를 연결해야 한다. 하지만 우리나라는 예전부터 하수도에 대한 개념이 부족해 지형차를 이용하여 노지나 하천에 무단 방류하는 사례도 많다.

우수는 말 그대로 빗물이다. 빗물은 건물에 닿지 않고 건물 밖으로 모두 흘러가도록 길을 만들어줘야 한다. 여름철에 집중되는 우수가 건축물에 영향을 주지 않게 잘 통제해야 한다. 산지에 집을 짓는다면 능선에 가까운 곳에, 평지에 집을 짓는다면 수로에서 수직적으로 가장 먼 곳에 자리를 잡는 것이 좋다. 특히 산을 깎아서 옹벽을 쌓고 그 아래 집을 짓는 것은 되도록 피한다.

건축 성패 좌우하는 시공자 선정하기

무조건 더 저렴한 견적을 제출한 시공자를 선택하는 건축주가 많다는 사실이 안타까운 현실이다. 시공자 선정 과정에서 최대한 좋은 인연을 만날 방법은 없을까? 집을 제대로 짓고 싶다면, 사전에 확인해야 할 조건을 꼼꼼하게 짚어보고 시공비에 대한 기준은 최종판단 근거로 삼는 것이 바람직하다.

반드시 시공한 집을 방문

건축주가 사생활 노출을 꺼려 방문이 어려운 때도 있다. 그럴 때는 이웃집에라도 찾아가 하자 문제는 없었는지, 건축주의 생활에 문제는 없었는지 그 집에 관해 꼬치꼬치 물어보는 게 확실하다.

견적서 항목에 빠진 것은 없는지 체크

모든 항목을 어떻게 다 챙기나? 맞다. 어려운 일이다. 그럴 때는 계약서에 '견적서에 표기되어 있지 않은 부분은 건축도면에 표기된 것을 기준으로 한다'라는 문구를 넣도록 한다. 또한 견적서에서 각 항목의 단가를 확인하기보다 '용어를 정확히 썼는지' 주의 깊게 볼 필요가 있다. 예를 들어, 디자이너는 'T12 탄화적삼목'이라고 명기했는데, 그냥 '적삼목'만 표기되어 있거나 두께가 생략된 경우가 많다. 이럴 때는 도면에 따른 것인지 꼭 물어야 한다. 대부분 건축주가 견적서를 볼 줄 모르기 때문에 단가나 오타 위주로 살펴보게 되는데, 각 항목이 구체적으로 정확하게 표기되어 있는지가 중요하다.

일정이 늦더라도 마음 맞는 시공자 선정

착공 시기를 의논할 때 공사 시작이나 입주 시점을 무조건 정하고 보는 사람들이 있다. 물론 피치 못할 사정이 있을 수 있지만, 그런 것이 아니라면 한두 달 어긋나는 것은 별로 중요하지 않다. 양질의 시공을 추구하는 시공자를 발견했다면, 일정을 늦추고 줄을 서서라도 그 시공자에게 일을 맡기는 게 맞다.

시공자에게 아이디어를 구하라

시공자는 도면대로 충실히 견적을 뽑는 경우가 많다. 경험이 많은 시공자들은 같은 기능을 조금 더 경제적으로 실현할 방법을 알고 있을 때가 많으므로, 견적이 좀 비싸게 나왔다 싶을 때 허심탄회하게 의견을 물어보는 것도 방법이다. 단, 디자인을 해치지 않는 범위 내에서 디테일을 풀어가는 방식에 한한다.

시공, 단열, 자재 등 기술적·현실적 문제를 물어라

시공자와의 첫 미팅 때, '왜 이렇게 비싸요?'라는 질문만 내내 물고 늘어지는 분들이 많다. 그보다는 그동안 궁금했던 시공, 단열, 자재 문제 등 시공자의 견해가 어떤지 토론해보는 것이 현실적이지 않을까. 디자이너 혹은 건축가에게만 의존하여 문제를 풀어가는 건축주가 많은데, 디자이너들은 아무래도 미적인 감각에 치중할 수밖에 없다. 기술적인 문제나 시공에 관한 현실적 견해는 현장 경험이 풍부한 시공자로부터 얻는 것이 현명하다.

시공자와의 원활한 소통

미우나 고우나 시공자 역시 나의 집짓기 파트너이다. 의구심이 드는 것은 현장에서 직접 묻는 게 좋다. 아무래도 문자나 SNS 메신저, 이메일 등의 글로 주고받는 것들은 오해의 소지가 있을 수밖에 없으니, 직접 말로 소통하자. 특히, '인터넷 카페 어디에는 이런 의견이 있던데', '다른 시공자는 이렇다던데' 하는 식으로 의견을 내다보면 시공자와 사이가 벌어지기 십상이다. 혼자서 알아본 정보가 있다면 그 정보를 자기 것으로 충분히 소화한 후, 시공자에게 솔직하게 묻자. 건축주가 그렇게 다가가는데 마음을 닫는다면 좋은 시공자가 아니다.

견적서 검토와 계약서 작성

일반 시공업체 중에 견적서를 제시할 때 공정을 개략적으로 분류하여 견적을 내는 경우가 있는데, 바람직하지 못하다. 되도록 자세한 상세 견적을 받아서 꼼꼼하게 여타 견적서와 비교해 보기를 추천한다. 각 과정별 하위 공정의 내용과 물량, 단가 등이 자세히 포함되면, 설계자 또는 전문가에게 조언받기도 훨씬 수월하다.

견적서만 보고도 어떤 공사인가 알 수 있어야

견적서에는 각 공종별로 필요 자재 및 인건비, 경비가 표기되어 있어야 한다. 잘 작성된 견적서만 봐도 대충 공사가 어떻게 진행될지 짐작할 수 있다. 가장 중요한 것은 포함된 공사가 어디까지인가 견적서를 보고 확인할 수 있어야 나중에 추가 공사가 발생하더라도 분쟁이 생기지 않는다. 건축주가 견적서에 없는 사항을 요구해서 발생한 금액이라면 마땅히 건축주가 적절한 공사비를 지불해야 한다. 심지어 평당 단가로 계약을 하는 경우가 있는데, 이 또한 공사 범위가 파악이 안 되기 때문에 나중에 곤란한 상황에 빠질 수 있으니 조심해야 한다.

설계도를 바탕으로 협의를 거쳐 견적서를 받아 확인한 후 시공사를 최종적으로 결정했다면, 그다음 단계는 계약서 작성이다. 집을 짓다가 건축

분쟁이 발생하면 생각보다 상당히 소모적인 양상으로 전개될 확률이 높다. 사실 건축주와 시공사 간에는 건축에 관한 정보의 비대칭성이 존재하기 때문에 건축주가 불리한 측면이 많다. 건축을 도맡은 시공사는 집을 짓는 공법은 물론 공정, 자재 사용 등 대부분의 건축 과정에 대한 자세한 정보를 가지고 있는 반면, 건축주는 어쩔 수 없이 제한적이기 때문이다. 이런 격차를 메울 수 있는 장치가 바로 시공 계약서이다.

허술한 계약서는 건축의 단계별 과정에서 여러 문제의 원인이 될 수 있다. 가장 흔하게 발생하는 문제가 '지체상금(지연배상금)과 하자보수'에 대한 갈등이다. 공사 기간이 당초 계획보다 늘어지면 당연히 입주가 늦어지고, 그로 인해 건축주가 피해를 고스란히 입게 된다. 준공일을 기준으로 지체상금을 공사금액의 몇 퍼센트로 할지와 더불어 하자보수에 대한 내용도 구체적으로 기입해야 한다.

계약서 양식은 표준공사계약서나 시공사 고유의 계약서를 사용하는데, 분명치 않은 사항은 반드시 '민간공사 표준도급 계약서를 준용한다'라는 문구를 넣어 보완해야 한다. 계약서와 더불어 설계도, 공사내역서(단계별 금액 정리) 첨부 설계도, 시방서(시공 방법 설명서)가 반드시 첨부되어 시공사와 건축주가 각각 한 부씩 보관해야 한다.

■ 시공 계약서에 기재되어야 할 주요사항

구분	내용
공사개요	대지위치 / 지역지구 / 건물규모 / 대지면적 / 건축면적 / 연면적 / 건폐율 / 용적률 / 공법 / 지붕재 / 창호재 / 단열재 / 내외부 마감재 / 설계 및 시공 등
공사기간	착공일자 및 준공일자
공사범위	작업범위와 기타 공사에 대한 범위
공사계약금	공사계약금액 내역
계약보증금	계약이행보증 및 보험계약
공사비지불	공사대금 지급방법 및 공사진행별 대금지불 시기
하자보증	하자보증 방법, 기간, 금액 등
설계변경	설계 변경에 따른 대처 방안
연동사항	물가 변동으로 인한 도급 금액 또는 공사 내용의 변동
공사지연	공기 지연에 따른 지체상금 및 손해 부담 등

기술 지도 계약이란?

단독주택을 지을 때도 착공 시 제출해야 할 서류 중 하나가 기술지도 계약이다. 최근에는 건축과정의 안전관리가 강화되는 추세이다. 거의 모든 현장에서는 기술지도 관계기관과 계약하고, 해당 계약서를 첨부해야 착공할 수 있다. 간단히 정리하자면 기술지도 계약을 해야 하는 건축물은 건축법상 건축허가 대상 건축물1개월 미만 공사 제외, 공사금액 1억 원 이상 120억 원 미만인 공사라고 보면 된다. 기술지도 계약 이후에는 안전을 위해 매달 현장을 방문하여 안전에 관한 기술지도가 진행된다.

법적근거

「건축법 시행규칙」 제14조(착공신고 등) 6항에 의해 건축주는 착공신고 시 건축공사가 <산업안전보건법> 제30조의 2에 따른 재해예방 전문기관의 지도대상에 해당되는 경우 기술지도계약서를 첨부해야 한다.

기술지도

건설업, 선박건조, 수리업 등 유해하거나 위험한 사업으로 산업재해보상보험 및 예방심의위원회의 심의를 거쳐 고용노동부장관이 정하는 사업을 도급 받는 수급인 또는 자체사업을 하는 자 중 고용노동부령으로 정하는 자가 산업안전보건관리비를 사용할 경우에는 미리 그 사용방법, 재해예방 조치 등에 관하여 고용노동부장관이 지정하는 전문기관의 지도를 받아야 한다. 건설업 안전관리자 선임기준인 공사금액 120억 원 이상에 해당되지 않는 경우 안전관리자를 선임하는 대신 재해 예방 전문 지도기관의 지도를 받는다.

기술지도 대상

공사금액 3억 원 이상 120억 원 미만인 공사를 하는 자 [정보통신공사는 1억 원 이상, 토목공사업에 속하는 공사는 150억 원 미만]

기술지도 예외 대상

- 공사 기간이 3개월 미만인 공사
- 육지와 연결되지 아니한 섬 지역에서 이루어지는 공사 [제주도 제외]
- 사업자가 안전관리자 자격을 가진 사람을 선임하여 안전관리자의 업무만 전담하도록 하는 공사
- 유해, 위험방지계획서를 제출하여야 하는 공사

기술지도 계약 및 기술지도 횟수

- 착공 전날까지 재해 예방 전문 지도기관과 지술지도 계약서 체결
- 기술지도는 특별한 사유가 없으면 월 1회 실시
- 공사금액이 40억 원 이상인 공사는 건설 분야 산업안전지도사 또는 건설안전기술사가 4회마다 한 번 이상 방문하여 지도

■ 산업안전보건법 시행규칙 [별지 제42호서식] <개정 2014.3.12>

기술지도계약서

기술지도 위탁 사업장	건설업체명		대표자	
	공사명		사업개시번호	
	소재지		공사기간	
	공사금액		계상된 산업안전보건관리비	
	발주자	성명 또는 기관명		
		주소		

재해예방 전문지도 기관	명칭	대표자
	소재지	
	담당자	전화번호

기술지도	기술지도 구분	[ ]건설공사 [ ]전기 및 정보통신 공사		
	기술지도 대가	원	기술지도 횟수	총( )회
	계약기간	년 월 일부터 년 월 일까지		

「산업안전보건법 시행규칙」 별표 6의5에 따라 기술지도계약을 체결하고 성실하게 계약사항을 준수하기로 한다.

년 월 일

위탁 사업장명

사업주 또는 대표자 (서명 또는 인)

재해예방 전문지도기관 명칭

재해예방 전문지도기관 대표자 (서명 또는 인)

직영공사와 현장관리인 배치 제도

현장관리인 배치 제도가 2017년부터 시행되었다. 「건축법」 제24조 6항에 따르면 「건설산업기본법」 제41조 제1항 각호에 해당하지 아니하는 건축물의 건축주는 공사현장의 공정 및 안전을 관리하기 위하여 같은 법 제2조 제15호에 따른 건설기술인 1명을 현장관리인으로 지정해야 한다. 건설기술인이란 관계 법령에 따라 건설공사에 관한 기술이나 기능을 가졌다고 인정된 사람을 말한다. 단, 건설기술인협회에 등록된 현장관리인이어야 한다. 이런 제도가 생긴 이유는 건축주가 직영공사를 진행하면서 법규나 도면을 무시하는 공사가 빈번하게 이뤄졌기 때문이다. 임의 시공 등의 폐해가 발생하다 보니, 최소한의 전문지식이 있는 기술인에게 조언을 받으라는 취지이다. 다시 말해 건축주가 직영공사를 한다며 불분명한 동네 업자 몇 명을 불러 함부로 시공하지 말라는 의미이다.

도급공사 VS 직영공사

도급공사는 건축주와 건설회사시공자, 건설업자가 도급계약을 맺고 진행하는 공사이다. 반면 직영공사자기공사는 건축주가 일부 노무자를 채용하여 공사를 진행하는 방식을 말한다.

도급공사 조건	직영공사 조건
① 연면적이 200㎡를 초과하는 건축물 ② 연면적이 200㎡ 이하인 건축물로서 다음 각 목의 어느 하나에 해당하는 경우 가. 「건축법」에 따른 공동주택 나. 「건축법」에 따른 단독주택 중 다중주택, 다가구주택, 공관, 그 밖에 대통령령으로 정하는 경우 다. 주거용 외의 건축물로서 많은 사람이 이용하는 건축물 중 학교, 병원 등 대통령령으로 정하는 건축물	① 연면적이 200㎡ 이하인 단독주택 ② 연면적이 200㎡ 이하인 건축물로 도급공사에 해당이 안 되는 경우 위 해당 사항은 직영공사(자기공사)이다.

현장관리인[건설기술인]의 자격

관계 법령에 따라 건설공사에 관한 기술이나 기능을 가졌다고 인정된 사람을 건설기술인현장관리인이 된다. 건설기술인은 건축 관련 기술, 건축사 및 기능장, 기사, 산업기사, 기능사 자격이 있어야 한다. 그 외 건축 관련 학과를 졸업하면 된다.증빙서류 첨부

건설공사 현장에는 건설기술인현장관리인 1명 이상을 배치해야 한다. 허가권자 한해서 현장관리인건설기술인 1인을 2개의 현장에 배치할 수 있다. 다만, 경미한 건설공사, 공사예정금액이 5천만 원 미만인 건설공사는 건설기술인이 필요하지 않다.

제3장

착공 전 절차와 준비

- 기본설계도서 완성되면 건축인허가
- 건축물 철거와 멸실 신고
- 주의가 요구되는 철거공사 절차
- 내 땅의 정확한 경계를 위한 측량
- 착공 전 점검해야 할 기타 사항

기본설계도서 완성되면 건축인허가

「건축법」에 의하여 건축물을 새로 건축하거나 대수선 할 경우 시장·군수·구청장의 허가를 받거나 신고해야 한다. 건축신고 대상은 도시지역 주거·상업·공업·녹지지역 내의 연면적 100㎡ 미만 건축물, 비도시지역 관리·농림·자연환경보전지역에서 연면적 200㎡ 미만이고 3층 미만인 건축물의 신축인 상황에 해당한다. 반면 신고 규모 이상의 신축건축물은 허가 대상이다.

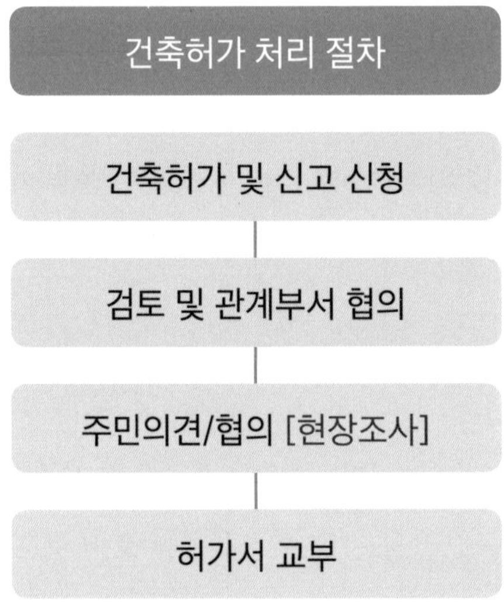

「건축법」에 따라 건축허가를 받은 날로부터 2년 이내에 공사에 착수 안 하거나, 공사에 착수하였으나 공사 완료가 불가능하다고 인정하는 경우에는 그 허가가 취소된다. 건축신고의 경우에도 1년 이내에 공사에 착수하지 않으면, 그 신고의 효력이 없어진다.

건축허가 대상 및 허가권자

허가 대상	허가권자
- 건축 또는 대수선 [일정 규모 이하인 경우 건축신고]	시장·군수·구청장
- 21층 이상 - 연면적 합계가 10만㎡ 이상 - 연면적의 3/10 이상의 증축으로 인하여 층수가 21층 이상으로 되거나 연면적 합계가 10만㎡ 이상 되는 증축 포함	특별시장 광역시장

건축신고 대상 및 규모

행위	대상	규모
증축, 개축, 재축		- 바닥면적 합계 85㎡ 이하
건축	관리지역·농림지역·자연환경보전지역	- 연면적 200㎡ 미만, 3층 미만(지구단위계획구역, 재해취약지구 내 건축 제외)
대수선		- 연면적 200㎡ 미만, 3층 미만
건축	기타 소규모건축물	- 연면적 합계 100㎡ 미만 - 건축물 높이 3m 이하 증축 - 표준설계도서에 의해 건축하는 건축물로 그 용도, 규모가 주위 환경, 미관에 지장이 없다고 인정되어 건축조례로 정하는 건축물

행위	대상	규모
건축	· 공업지역 · 제2종 지구단위계획구역 · 산업단지	- 2층 이하인 건축물로 연면적의 합계가 500㎡ 이하인 공장
	농업 또는 수산업을 위한 읍·면지역	- 200㎡ 이하의 창고 - 연면적 400㎡ 이하의 축사, 작물재배사

위락시설 또는 숙박시설에 해당하는 건축은 당해 대지에 건축하고자 하는 건축물의 용도·규모 또는 형태가 주거 환경 또는 교육환경 등 주변 환경을 감안할 때 부적합하다고 인정되면 건축위원회의 심의를 거쳐 건축허가를 받지 못할 수도 있다.

▶ 건축허가 및 착공신고, 철거멸실 신고 등은 건축행정 시스템 세움터 홈페이지 www.eais.go.kr에서도 가능하다.

건축물 철거와 멸실 신고

건축물의 착공을 위한 사전 준비로 기존 건축물 철거 및 멸실 신고가 있다. 건축허가 및 신고 대상 건축물을 철거하기 위해서는 철거예정일 7일 전까지 철거신고를 해야 한다. 건축물이 재해로 멸실된 경우에는 멸실 후 30일 이내에 신고하여야 한다.

건축물 철거 및 멸실신고 후에는 「건축물대장의 기재 및 관리 등에 관한 규칙」에 따라 건축물대장 말소 정리 및 등기촉탁이 이뤄진다.

착공신고의 절차

건축물 철거 및 멸실 후 건축물의 공사를 착수하기 위해서는 허가권자에게 「건축법」에 따라 공사계획을 신고해야 한다. 착공신고를 할 때에는 착공신고서, 착공 관련 설계도서 등을 제출하여야 한다. 허가권자는 건축허가 시 부여된 조건 사항 이행 여부 확인, 건축 관계자 상호간의 계약 이행 여부, 제출되어야 할 서류의 첨부 여부 등을 검토하여 착공신고필증을 교부한다.

■ 건축법 시행규칙 [별지 제7호서식] <개정 2018. 11. 29.>

건축 · 대수선 · 용도변경 신고필증

• 건축물의 용도/규모는 전체 건축물의 개요입니다.

건축구분	신고번호
건축주	
대지위치	
지번 ※ 「공간정보의 구축 및 관리 등에 관한 법률」에 따른 지번을 적으며, 「공유수면의 관리 및 매립에 관한 법률」 제8조에 따라 공유수면의 점용·사용 허가를 받은 경우 그 장소가 지번이 없으면 그 점용·사용 허가를 받은 장소를 적습니다.	
대지면적 ㎡	

건축물명	주용도
건축면적 ㎡	건폐율 %
연면적 합계 ㎡	용적률 %

동 고유번호	동 명칭 및 번호	연면적(㎡)	동 고유번호	동 명칭 및 번호	연면적(㎡)

귀하께서 제출하신 건축물의 건축·대수선·용도변경 (변경)신고서에 대하여 건축·대수선·용도변경 신고필증을 「건축법 시행규칙」 제12조 및 제12조의2에 따라 교부합니다.

년 월 일

특별자치시장 · 특별자치도지사, 시장 · 군수 · 구청장 직인

210mm×297mm[보존용지(2종) 70g/㎡]

ADVICE / 공사장 비산먼지 발생 신고

일정 규모 이상의 공사에서는 비산먼지 발생신고 및 특정 공사 사전 신고를 관할 행정관청으로부터 승인을 받아야 한다. 신고 시점은 허가 제출 또는 허가 완료 후 착공신고 전에 진행해야 한다. 이후 해당 공사장에서는 비산먼지 발생에 따른 억제를 위한 방음방진벽이나 세륜시설 등 규정에 따른 시설과 장치를 설치한 후 공사에 임해야 한다.

구분	내용
공사현장 비산먼지 [대기환경보전법 시행규칙 별표 13]	- 건축물의 (증개축/재축/대수선을 포함) 연면적 1,000㎡ 이상의 공사 - 토공사 및 정지공사의 경우 공사면적의 합계가 1,000㎡ 이상 - 기타 규모의 공사

주의가 요구되는 철거공사 절차

일반적으로 노후화된 전원주택에서 철거 순서는 건축허가 ▶ 사전 석면조사 ▶ 착공신고 ▶ 건설폐기물 처리 계획 ▶ 건축 철거심의 신청서울시 및 경기도 일부 지역 ▶ 전기/수도/가스 폐공 ▶ 건축물대장 말소 신청순으로 진행된다. 여기서 주의할 점은 철거신고는 반드시 착공신고 시 또는 착공신고 후 진행한다. 철거심의 대상 건축물은 철거신고 전 철거심의를 이행해야 한다. 철거신고 시 「해체공사 계획서」에 심의 결과를 반영하여 제출한다.

철거심의 대상

- 지상 5층 또는 높이 13m 이상 철거공사
- 지하 2층 또는 깊이 5m 이상 철거공사
- 작업여건, 주변에 미칠 위해 정도 등을 감안하여 철거심의가 필요하다고 판단되는 건축물의 철거공사

철거 완료 후 반드시 「해체공사 계획서」 이행 여부를 감리자에게 확인받아 「해체공사 계획 이행확인서각 층별 철거과정 사진첨부」를 제출해야 한다. 이행확인서 제출 확인 후에 건축물대장에서 말소 처리된다. 공사감리 및 본공사 시공 범위 내에 철거공사를 포함한다. 지하층 철거는 착공신고 후 지하터파기 안전시설 설치 후 철거한다.

철거신고 절차 개선

기존 절차	개선 절차
[구 : 5층 이상, 동주민센터 : 4층 이하] - 제출서류 : 건축물 철거·멸실 신고서, 해체공사계획서, 기관석면조사결과 사본	구 : 5층 이상 및 철거심의 대상 건축물 철거, 동주민센터 : 4층 이하 1) 철거 사유가 건축(대수선 포함)인 경우(착공신고 시/후 철거신고) - 제출서류 : 건축물 철거·멸실 신고서, 해체공사계획서(감리자확인, 심의결과 반영), 기관석면조사결과 사본 2) 철거 사유가 건축(대수선 포함)이 아닌 단순 철거신고 - 제출서류 : 건축물 철거·멸실 신고서, 해체공사계획서, 기관석면조사결과 사본 * 철거심의(감리)대상 : 철거감리지정서, 철거감리자 자격증 사본, 해체공사계획서(철거감리자 확인, 심의결과 반영)

건축물 철거 전 철거·멸실신고서 제출

철거·멸실 신고서와 철거계획서 제출을 이행하지 않으면 건물소유자 또는 관리자에게 30만 원 이하의 과태료가 부과된다.

철거계획서 제출대상	지하 2층 이상, 지상 5층 이상 또는 연면적 500㎡ 이상인 건축물 철거
철거계획서 내용	- 철거건축물 규모, 철거공사범위, 철거공사 기간 - 철거공사업체명(상호, 자격, 대표자성명, 연락처 등) - 주요 철거 장비의 선정 등 공사 진행 방법 - 철거 시 안전관리대책 - 가설울타리 및 방음벽 등의 설치개요 - 소음 및 비산분진 등 환경관리대책 - 폐기물 반출 및 처리방법 - 석면관리 및 처리방법 등

건축물철거·멸실신고서에 석면 함유 여부를 기재하여 신고하고 「산업안전보건법」 제38조의2[석면조사기관을 통한 석면조사대상]에 의거 일정 규모 이상 건축물을 철거할 경우 사전에 석면조사기관의 석면 조사결과서 사본을 첨부해야 한다.

석면조사기관을 통한 석면조사대상

건축물(주택 제외)의 경우 연면적 50㎡ 이상이면서 해체·제거 면적이 50㎡ 이상, 주택의 경우 연면적 200㎡ 이상이면서 해체·제거 면적이 200㎡ 이상

「산업안전보건법」 제38조의4[석면 해체·제거업자를 통한 석면의 해체·제거]에 의거 석면을 함유한 설비 또는 건축물을 해체·제거하고자 하는 때에는 사전에 관할 지방노동관서장에 신고해야 한다. 불이행 시 5천만원 이하의 과태료가 부과된다.

석면해체·제거업자를 통한 석면의 해체·제거 대상

- 천장재, 벽재, 바닥재 및 지붕재 등 면적의 합이 50㎡ 이상
- 분무재, 내화 피복재
- 단열재, 보온재, 개스킷, 패킹재, 실링재, 그 밖에 유사한 용도로 사용되는 자재 면적의 합이 15㎡ 또는 부피의 합이 1㎥ 이상
- 파이프 보온재 길이의 합이 80m 이상

건축허가 대상지에 기존 건축물이 있는 경우 또는 철거공사가 수반되는 리모델링대수선 포함 공사 관련 건축허가 시에는 종합건설업자 또는 철거 전문 건설업자가 철거공사를 수행해야 한다.단, 건설업자 미대상시설은 권고

'건축물철거·멸실신고서'에 철거공사 예정금액을 기재하고, 1천5백만원 이상이면 전문건설업체 등록증 사본을 첨부해야 한다. 또한 공사 현장 안전조치계획서에는 가스, 전기, 통신, 수도 등 안전관리대책 및 해체공사 계획이 반영되어야 한다.

해체공사계획서 내용 및 검토 사항

층별·위치별 해체작업의 방법 및 순서	- 하층부 안전조치(슬라브 지지대 설치) 후, 상층부에서 순차적 철거 - 철거방법은 압쇄 방식으로 시행 : 파괴함마(일명 '뿌레카') 사용금지
건설폐기물의 적치 및 반출 계획	- 폐기물은 가급적 수시 반출, 주변 여건에 따른 반출시간 조정, 반출 장소 등 확인
공사현장 안전조치 계획	- 방음 및 분진 예방 가림막은 건물 전체를 차폐토록 설치, 살수 장비 비치 여부 등
민원예방 활동 강화	- 공사 전 주변 주민들에게 공사내용 등 사전 통보, 공사장 주변 환경정비 철저 등 - 공사 시간 조정(평일 : 08시~18시까지, 주말 : 철거작업 중지)

건축물 철거 시 유의사항

- 비산먼지 발생신고, 특정공사 신고 대상 건축물은 반드시 신고절차를 이행 후 공사한다.
- 건축물 철거 시 먼지가 흩날리지 않도록 가림막, 방진막, 살수시설, 안전시설 등을 설치한다. 싣기 및 내리기 등 이송에 따른 비산먼지가

발생하지 않도록 주의한다.

- 지하 매설물 존치 여부를 자세히 확인하고 공사로 인하여 상·하수도, 전기, 통신, 전화, 도시가스 등 각종 배관이나 매설물에 영향을 줄 우려가 있는 경우에는 당해 지하 매설물의 관리기관에 토지굴착에 관한 사항을 통보해야 한다.
- 주변에 노후건축물이 존재하거나 지하 10m 이상 굴토를 하는 경우에는 기존 건축물 철거 전에 주변 건축물에 대한 공인기관의 안전점검을 실시하여 공사로 인한 분쟁을 사전에 예방한다.
- 건축물 철거 시 기존 건축물에서 사용하던 배수설비도 함께 철거 및 폐쇄해야 한다.

내 땅의 정확한 경계를 위한 측량

땅을 구매하면 먼저 측량부터 진행해야 한다. 토지 소유자가 건축허가 등 허가와 관련하여 측량하는 경우 허가증 및 관련 도면배치도, 구적도 등을 준비해 한국국토정보공사에 신청해야 한다. 대리인의 경우 위임장을 제출하면 지적측량 의뢰가 가능하다.

땅의 주민등록, 지적

지적地籍은 국토의 모든 정보를 기록해 놓은 '땅의 주민등록'이다. 지적은 부동산토지와 건물에 관한 물리적 현황과 법적 권리 관계를 등록·공시하고 그 변경사항을 관리하는 영속적인 국가 제도를 의미한다. 국토의 이용과 관리의 기본 개념인 '지적'은 경계와 위치, 형태, 권리, 면적, 지목, 건축물 및 지번 등으로 구성되는데, 땅의 가치 기준을 제시하는 기본 정보이다.

토지의 소재나 면적 등 지적에 관한 내용을 표시하여 그 내용을 공적으로 증명하는 장부인 지적공부에 토지정보를 등록한다. 해당 재산권을 보호하기 위해 반드시 필요한 과정이다.

지적측량은 토지를 지적공부에 등록하거나 지적공부에 등록된 경계를 복원할 목적으로 지적소관청이 직권 또는 이해관계인의 신청에 따라 각 필지의 경계 또는 좌표와 면적을 정하는 측량을 말한다. 한국국토정보공사에서 경계복원측량, 분할측량, 현황측량, 등록전환측량, 신규등록측량, 지적기준점측량 등의 지적측량 서비스를 제공하고 있다.

구 분	내 용
경계복원측량	지적공부에 등록된 토지의 경계점을 지상에 복원하기 위한 측량이다. 건축 또는 담장 설치를 위한 경계 확인, 인접 토지와의 경계확인을 위해서 주로 실시한다.
지적현황측량	토지, 지상구조물 또는 지형지물 등이 점유하는 위치 현황(점, 선, 구획)이나 면적을 지적도 및 임야도에 등록된 경계와 대비하여 도면상에 표시하기 위한 측량이다. 건축물 준공, 점유면적 확인, 구조물 위치 확인 시 주로 실시한다.
도시계획선명시측량	도시계획선 등 도시·군관리계획선을 지상에 복원하기 위한 측량이다. 건축허가 시 도시계획선이나 도로 후퇴선을 확인하고자 할 때 주로 한다.
분할측량	지적공부에 등록된 1필지의 토지를 2필지 이상으로 나누어 등록하기 위한 측량이다. 토지 일부의 매매 또는 소유권 이전이나 토지 일부에 건축허가를 받고자 할 때 주로 실시한다.

구 분	내 용
등록전환측량	임야대장 및 임야도에 등록된 토지를 토지대장 및 지적도에 옮겨 등록하기 위한 측량이다. 임야에 건축허가, 형질변경, 개발행위허가를 받고자 할 때 주로 실시한다.
신규등록측량	새로 조성된 토지와 지적공부에 등록되어 있지 아니한 토지를 지적공부에 등록하기 위한 측량이다. 매립 등으로 새로 조성된 토지나 미등록 토지를 등록하고자 할 때 주로 실시한다.
지적삼각(보조)점측량	지적도근점측량과 지적세부측량의 골격이 되는 지적삼각(보조)점의 위치를 구하기 위한 측량이다.
지적도근점측량	지적세부측량의 기준점인 도근점을 설치하기 위한 측량이다.
지적확정측량	도시개발사업, 토지개발사업, 경지정리사업, 공유수면매립에 의하여 토지의 표시를 새로이 경계점좌표등록부에 등록하기 위한 측량입니다.

착공 전 점검해야 할 기타 사항

한전에 전기 수용 신청을, 해당 관청의 상하수도사업소 상하수도과에 상수도 공급 신청을 진행해야 비로소 공사를 시작할 수 있다. 직영공사인 경우에는 시공사가 건축주를 대신해 가설전기 신청을 하는데 신고필증과 통장사본, 도장을 지참해야 한다. 이때 가설전기를 시공할 업체가 지정되어 있어야 한다. 또한 별도의 가설전기 공사비가 발생하는데 한전에 보증금을 내야 한다. 한편, 상수도 공급 신청을 하면 상수도 시공업체에서 상수도 메인관에서 수도 미터기를 놓을 자리까지 실측하고 영수증을 발행한다. 그 금액을 입금해야 상수도 시공업체에서 땅을 파고 수도관을 집 앞까지 연결해 준다. 이때 미리 간이 수도꼭지를 마련해서 상수도 시공업체에 주면 물을 사용할 수 있도록 임시수도관을 설치해준다.

산재 및 고용보험 신청

근로복지공단에 전화로 신청하면 신고필증을 기준으로 보험료가 책정된다. 은행에 가서 입금하고, 해당 영수증은 상수도 인입 영수증과 함께 훗날 사용승인 시 필요하므로 잘 보관한다. 건설회사와 도급계약을 맺고 공사가 진행된다면 시공사에서 내역서상 노무비 기준으로 신고하기 때문에 신경을 안 써도 된다. 가스, 전기·통신, 상·하수도 등 지하 매설물 관리기관에 토지굴착 공사에 관한 사항을 통보한다. 착공신고필증 교부 후에 공사를 착공하고 변경 사항이 발생하면 설계변경 절차를 거쳐야 한다.

건축물의 공사감리대상

공사감리는 건축물이 설계도서의 내용대로 시공되는지를 확인하고, 품질관리, 공사관리, 안전관리 등에 대해 지도 감독하는 행위를 말한다. 공사감리 대상 건축물을 분류하면 다음과 같다.

건축주의 감리자 선정

건축주는 건축허가를 받아야 하는 건축물에 대해서는 공사감리자를 지정하여 공사감리를 하도록 해야 한다.

감리자의 자격	해당 건축물의 용도 · 규모 · 구조	예외
건축사	건축허가를 받아야 하는 건축물	- 용도변경 - 신고대상 건축물 - 신고대상 가설건축물 - 공작물
	사용승인 후 15년 이상 경과되어 리모델링을 하는 건축물	
건설기술용역업자	다중이용건축물을 건축하는 경우	-건설기술진흥법규정에 의하여 감리원을 배치하는 경우에는 건축사를 공사감리자로 지정할 수 있다.

* 건설기술용역업자 : 종합감리전문회사, 건축감리전문회사

허가권자에 의한 공사감리자 지정

허가권자는 다음의 건축물에 대해서 해당 건축물의 설계에 참여하지 아니한 자 중에서 공사감리자를 지정하여야 한다.

1. 연면적 200㎡ 이하인 건축물(단독주택, 농업용 등에 사용되는 창고, 작업장, 축사, 양어장 제외)로서 건축주가 직접 시공하는 건축물
2. 아파트, 연립주택, 다세대주택, 다중주택, 다가구주택(복합용도 건축물 포함)

* 예외 : 다음 각호의 어느 하나에 해당하는 건축물의 건축주가 허가권자에게 신청하는 경우에는 해당 건축물을 설계한 자를 공사감리자로 지정할 수 있다.

제4장

가설 및 토공사와 기초공사

- 가설공사와 규준틀 설치
- 지반조사에 따라 기초가 정해진다
- 허용지내력 부족하다면 지반 보강해야
- 터파기 후 반드시 거쳐야 할 공정
- 기초 외부에 방수를 고집하는 이유

가설공사와 규준틀 설치

건축은 공정별로 구분했을 때, 가장 먼저 가설공사로부터 비롯된다. 가설공사는 건축물의 본 공사를 실시하기 위해 필요한 임시적 시공설비를 설치하여 활용하는 공사를 말한다. 때문에 공사가 완료되면 해체, 철거를 하게 된다. 가설울타리, 가설건물, 가설도로, 공사용동력, 용수설비, 안전설비 등과 규준틀, 비계, 양중운반설비 등 건축물의 구축에 직접적으로 필요한 장치도 설치된다. 이중 기초 터파기 전에 현장에서 가장 먼저 해야 할 작업은 규준틀 설치이다. 배치도에 따라 건물의 위치와 높이, 터파기 너비와 깊이 등을 표시하기 위한 가설물로 보통 수평규준틀과 귀규준틀로 나뉜다.

- **수평규준틀** : 건물 각부의 거리, 위치, 높이의 기준과 기초의 너비 따위의 기준이 되는 수평 위치를 표시하기 위한 가설물
- **귀규준틀** : 공사할 때, 건물의 위치와 높이, 땅파기의 너비와 깊이 따위의 기준점을 표시하기 위해 건물의 귀퉁이에 설치하는 가설물

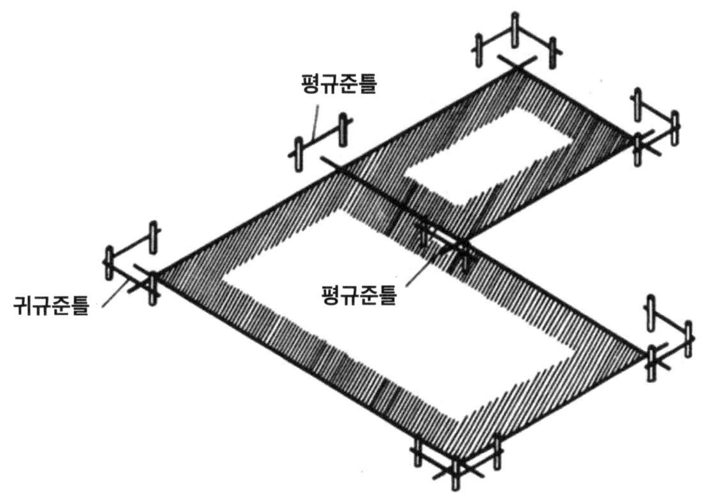

바닥에 먹메김을 하고 외벽에 형틀을 설치할 수 있는 기준이 규준틀 설치로부터 비롯된다. 규준틀은 움직임 없이 공사가 끝날 때까지 훼손되지 않아야 한다.

참고로, 공사할 때 높이의 기준이 되는 점을 벤치마크Benchmark : BM라고 부른다. 벤치Bench는 평탄한 작업대를 의미하고 여기에 기준이 되는 표시Mark를 했다고 해서 붙여진 이름이다. 주로 움직이지 않는 콘크리트 벽체나 가까운 전봇대에 기준이 되는 높이를 페인트나 못으로 표시해 둔다. 작업자들이 레벨을 확인할 때는 늘 벤치마크를 기준으로 높이를 계산하여 형틀, 철근 작업을 한다. 어느 현장에서든지 공사가 시작하면 첫날 진행하는 작업이다.

도면에는 'GL지반면+300㎜가 FLFloor Level' 이런 식으로 명기된다. 풀이하자면 원지반에서 30㎝ 올려서 바닥마감을 하라는 뜻이다. 벤치마크 역시 절대 움직여서는 안 된다.

지반조사에 따라 기초가 정해진다

현장 내 울타리, 전기, 수도 등의 공사를 위한 기본적인 가설공사가 끝나면 본격적인 공사를 위한 대지 정지작업이 진행된다. 부지 내에 있는 암석, 수목, 기타 쓰레기 등을 제거하고 설계 내용에 따라 절토와 성토 등 건축을 위한 터 고르기에 들어간다.

사실 도면을 받고 처음으로 현장에 방문하면 가장 먼저 보는 게 지질地質이다. 지질 상태가 성토흙을 쌓음 혹은 절토평지나 경사면의 흙을 깎아냄된 부지인지 일차적으로 확인한다. 연약지반은 아닌지, 지하수가 흘러나오는지, 쓰레기 매립장은 아닌지 등도 추가로 검토한다. 이런 검사는 육안으로만은 불가능하고 직접 터를 파보거나 지질 테스트를 통해 점검한다.

일본은 화산지대와 지진이 많아 싱크홀Sink hole : 지반이 가라앉아 생기는 구멍이 예기치 않는 곳에 다수 발생한다고 한다. 때문에 지반조사가 반드시 수반되어야 할 의무사항이고 문제 발견 시 보강공법으로 토목설계가 이뤄지고 있다.

지반조사의 목적

시추조사를 통해 해당 용지에 분포된 지반의 성층 상태 및 지반 특성을 파악한다. 계획 기초지반의 지내력 및 계획구조물 시공을 위한 흙막이공과 지하구조물의 지하 외벽 등의 설계 시공에 필요한 기본 자료와 기초공법 검토에 필요한 자료를 수집, 제공하는 데 목적이 있다.

조사범위 및 조사장비

조사범위는 일반적으로 시추조사지층확인 및 시료 채취, 구조물 기초계획 및 토공계획 시 활용와 표준관입시험지층의 조밀도 및 연경도 확인, N치로부터 지반의 강도특성 및 변형특성 파악을 주로 한다. 조사 장비는 시추기유압형, 표준관입시험 기구, 지하수위 측정기 등이 사용된다. 시추기를 이용한 지층 확인 및 시료 채취, 토공계획 시 활용됨

땅속 흙의 단면 파악

매립층 - 퇴적층 - 풍화토 - 풍화암 - 연암 - 경암 순으로 흙을 파고 들어갈수록 단단한 암이 나온다. 파고 내려가면서 지하수가 어디 있는지도 알 수 있다. 한마디로 이 '시추주상도'를 보고 기초도면이 그려진다.

독립기초로 할 것인지, 온통기초를 할 것인지, 파일을 박고 기초를 할 것인지 지반조사를 통해 판가름한다. 동시에 흙막이공법을 어떤 것으로 해야 할지도 정하게 된다. 지하층에 물이 없다면 가장 저렴한 흙막이 공법으로 땅을 파내려갈 수 있지만, 많은 지하수가 있는 곳이나 해안가라면 물을 차단하는 흙막이공법을 적용해야 한다. 어떤 흙막이공법을 적용하느냐에 따라 수백만 원에서 수천만 원까지 공사비가 차이가 날 수도 있다.

시 추 주 상 도
DRILL LOG

공사명 PROJECT	광주시 000 00 000 지반조사	공번 HOLE No.	BH-1
위치 LOCATION	경기도 000 00 000	지반표고 ELEVATION	99.3 m
날짜 DATE	2019년6월3일	지하수위 GROUND WATER	(GL-) 심도 이하 m
		감독자 INSPECTOR	

(주) 시료채취방법의 기호 REMARKS
- ○ 자연시료 U.D. SAMPLE
- **O** 표준관입시험에 의한시료 S.P.T. SAMPLE
- ● 코어시료 CORE SAMPLE
- ⊗ 흐트러진 시료 DISTURBED SAMPLE

표고 Elev. m	Scale m	심도 Depth m	층후 Thickness m	주상도 Columnar Section	지층명	지층설명 Description	통일분류 USCS	시료 Sample 시료번호	채취방법	채취심도	표준관입시험 Standard Penetration Test N치 (회/cm)	N blow 10 20 30 40 50
97.3		2.0	2.0		매립층	- 매립층 - 실트 섞인 모래 - 자갈 혼재 - 황갈색 - 습윤 - 매우조밀		S-1	O	1.5	50/17	
96.3		3.0	1.0		퇴적층	- 퇴적층 - 실트질모래 - 자갈 및 호박돌 혼재 - 담갈색 - 습윤 - 매우조밀		S-2	O	3.0	50/18	
	5				풍화암	- 풍화암 - 실트질모래 및 암편 - 담갈색 - 습윤 - 매우조밀		S-3	O	4.5	50/4	
93.3		6.0	3.0						[illegible]	6.0	50/2	
	10					심도 6.0M에서 시추종료						

허용지내력 부족하다면 지반 보강해야

기초 저면의 위치에 적하판積荷板을 두고, 하중을 얹어서 침하량을 측정하여 하중·침하량 곡선에서 허용지내력을 측정하는 시험법을 지내력시험Soil bearing test이라 한다. 재하판시험에 쓰이는 강판 밑의 지층이 연속하여 동질인 경우에 적당한 시험법으로 전원주택에서는 주로 '평판재하시험'을 실시한다. 이는 지반의 지지력을 측정하기 위해 실시하는 시험으로, 기초 설계를 위한 토질조사에 필요한 절차의 일부이다. 어느 지반에 실제 구조물을 축조하였을 때 지지력이나 침하조건을 만족하는지 여부를 판단하는 시험으로 비교적 확실한 지지력 결과를 얻을 수 있다.

- ▶ 개량지반의 지지력을 구할 때
- ▶ 경험적으로 얻을 수 있는 지지력보다 큰 값을 기대할 때
- ▶ 지반의 극한, 항복 및 허용지지력을 알고자 할 때
- ▶ 지지력이나 침하량이 허용한계에 가까울 때

평판재하시험은 대개 현장에서 중장비를 이용해 압축력을 가한다. 다이얼 게이지를 통해 지반 침하를 확인하고 단기, 장기 허용지내력까지 알 수 있다. 지내력이 나온다면 설계도면대로 시공하면 되지만 만약 지반이 약해 허용지내력이 안 나온다면 지반을 보강하는 공법을 실시해야 한다. PHC파일기초, 팽이기초, 퍼즐쏘일공법 등이 주택공사에 사용되고 있다.

기초지반의 허용지지력은 구조물에 따른 침하량 허용범위, 기초의 근입 깊이, 기초 구조물의 강성과 크기, 지하수위 등 다양한 조건에 따라 영향을 받기 때문에 평판재하시험만으로 결정할 수 없다. 요즘은 건축허가 시 '지질조사보고서'까지 첨부하는 현장들이 늘고 있다. 지질보고서에는 시추기를 이용한 시추조사로 지층을 확인하고 시료 채취를 통해 구조물의 기초계획 및 토공계획 시에 활용할 수 있는 자료가 포함된다. 다음은 표준 관입 시험인데, 지층의 조밀도 및 연경도를 확인할 수 있으며 지반의 강도 특성과 변경 특성을 파악하는 데 사용한다.

퍼즐쏘일[Puzzle Soil] 공법

매립층이나 연약한 사질토, 연약한 점성토 등에서 지반을 보강하는 공법이다. 쇄석골재의 치밀한 맞물림을 이용해 지지력이나 침하량을 개선하는 공법으로 공정이 단순하고, 시공이 간편하다. 흙 치환 깊이가 얇아 공사 기간도 절감된다.

구조물에 대한 허용지내력만 확보된다면 이 공법이 좋다. 일단 가격이 저렴한 게 장점이다. 팽이기초$_{\text{Top base}}$ 공법이 ㎡당 10만 원 이상이라면 퍼즐쏘일 공법은 ㎡당 5만 원부터 시작한다.

퍼즐쏘일 공법의 시공과정

① 연약지반을 전부 걷어낸다.

② 걷어낸 위치에 1차 다짐을 한다.

③ 골재를 포설한다.

④ 골재를 다짐한다.

⑤ 포설 및 다짐을 2~3차 시행한다.

⑥ 허용지내력 검사(평판재하시험)를 실시한다.

팽이기초[Top Base] 공법

연약지반에 적용하는 공법으로 필자 역시도 기초를 필히 보강해야 할 여러 현장에서 적용한 바 있다. 팽이기초 공법은 건축 기초 하부에 콘크리트로 채워진 팽이말뚝과 다짐 쇄석의 지반 보강 복합체를 형성하여 지반을 보강하는 공법이다. 팽이말뚝 본체의 특징인 형상과 팽이말뚝 사이의 다짐된 채움 쇄석이 응력 집중을 방지, 측방 변형을 억제하여 지내력지지력 및 침하을 확보하는 공법이다. 결론적으로 연약지반의 지지력이 향상되며 침하를 억제할 수 있다.

- ▶ 콘크리트와 쇄석 등으로 구성된 복합체로 기초지반 보강(연약지반 치환)
- ▶ 연직 재하 하중이 수평분력과 수직분력으로 분리(하중 분산)
- ▶ 접지면의 1.4배로 접지면 증가(하중 저감)
- ▶ 수평분력은 서로 상쇄 및 수평방향 변형에 대한 구속 효과(변위 구속)
- ▶ 쇄석 기계 다짐 시 하부 지반 다짐 효과(지반 다짐)

팽이기초 공법의 시공과정

① 팽이용기 하차

② 토목섬유(PP MAT) 설치(필요 시)

③ 3차원적 복합 구조체(Geomesh) 및 팽이 용기 설치

④ 팽이 용기 설치 완료

⑤ 콘크리트 타설

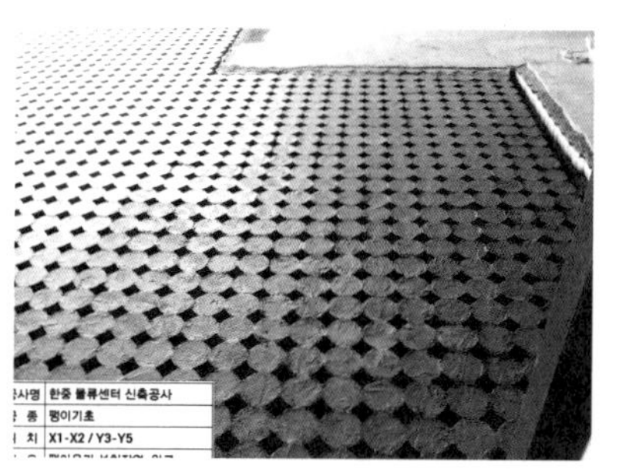

⑥ 타설 후 양생

⑦ 쇄석 채움 및 다짐

⑧ 다짐 완료

⑨ 지내력 시험

터파기 후 반드시 거쳐야 할 공정

규준틀을 설치하고 일명 '백호포크레인'를 이용해 터파기를 한다. 여기에 잡석을 깔아주고 다짐을 한 뒤에 습기 차단을 위해 비닐을 친다. 이어서 콘크리트로 버림타설까지 하면 1~2백만 원 넘게 소요되는데 왜 터파기 작업을 할까? 사실 맨땅에 형틀을 설치하고 철근 조립해서 콘크리트 타설을 할 수도 있는데 말이다.

동결심도까지 기초 확보해야

필자가 어렸을 때 겨울이면 밭에 가서 보리밟기라는 것을 했다. 우리나라도 지역마다 겨울에 땅이 어는 영역과 얼지 않는 영역 사이 경계가 모두 다르다. 이를 흔히 '동결선'이라고 부른다. 땅이 얼면 부피가 팽창한다. 때문에 그 동결선 이하까지 땅을 파고 콘크리트가 들어가는 기초가 되어야 한다는 사실을 건축주는 반드시 기억해야 한다. 한마디로 절대 움직이지 않는 기초를 확보하는 것이다. 또 다른 이유는 식물들이 뿌리가 내려가는 깊이까지는 흙이 단단하지 않다. 비가 오면 그 깊이까지 물이 침투하여 연약 지반이 되기 쉽다. 만약 그 위에 기초를 하게 되면 기초가 침하되고 궁극적으로는 집이 가라앉게 되는 것이다.

기초를 만들 때는 반드시 표층을 걷어내고, 식물이 자라지 않는 생땅에 기초를 만들어야 한다. 기초를 하는 곳에 나무뿌리가 있다면 모두 제거해야 한다. 나무뿌리가 썩어 빈 공간이 생긴다면 이 또한 기초 침하의 원인이 된다. 우리나라 동결심도는 표로 작성되어 있어 기초공사 시 그 표를 참고해 터파기를 한다.

기초공사는 그 어떤 공정보다 중요하다. 외부 기온에 상관없이 안정적인 지반의 깊이인 동결심도까지 콘크리트가 들어가지 않으면 얼었다 녹았다를 반복할 수 있어 기초가 결국 흔들리게 된다. 터파기의 세부 공정을 단계별로 살펴보면 아래와 같다.

지반의 지내력을 높이는 잡석다짐

도면을 받아보면 늘 기초와 관련해서 명기된 내용이 기초 밑에 자갈을 까는 것이다. 현장에서 터파기 후 자갈층을 두는 이유는 땅속의 습기가 기초 콘크리트로 올라오는 것을 차단하기 위함이다. 또한 기초 바닥의 자갈층으로 인해 흙의 지내력이 높아질 수 있다. 기초는 연약 지반에서 부동침하가 생길 수 있으나, 자갈층을 만들어 다짐하면 흔들림 없는 기초를 형성할 수 있다.

콘크리트는 아주 미세한 다공질의 재료이다. 그런 많은 콘크리트의 구멍들은 모세관 현상에 의해 수분을 흡수하게 된다. 자갈층은 사이사이 빈 공간이 많이 있어서 모세관 현상이 일어나지 않는다. 결국 자갈층은 지반의 지내력기초를 누르는 하중에 대한 지반이 받치고 있는 힘을 증진하고, 물이 흡수되는 것을 방지하는 역할을 한다.

사실 자갈층이 없는 현장들도 많다. 그러나 주택 하자의 절반 이상이 습기와 관련된 만큼 이를 방지하고자 한다면 기초에 자갈층을 권장한다. 자갈층이 모세관 현상을 막아 습기가 올라오는 것을 방지하는 1차 방어선이고, 이후 설명하게 될 그 위에 깔아주는 비닐은 습기를 방지하는 2차 방어선이라고 이해하면 쉽다. 지반에서 올라오는 습기는 기초 밑에서 방어선을 못 뚫으면 기초 옆으로 올라가게 된다. 이를 방지하는 게 기초 외벽방수이다.

비닐을 까는 이유

터파기 후 자갈을 깔고 비닐을 치는 이유는 콘크리트가 습기를 빨아 드리는 것을 방지하기 위해서이다. 습기는 습도가 높은 쪽에서 낮은 쪽으로 이동한다. 기초가 모두 물속에 잠겨 있다면 습기는 이동하지 않는다. 하지만 한쪽은 물에 잠겨 있고, 다른 쪽이 건조하다면, 물에 잠긴 곳에서 건조한 방향으로 습기는 이동한다. 일명 '모세관 현상'으로, 이를 방지하고자 비닐을 설치한다.

모세관 현상에 대한 이해가 더 필요하다. 액체 속에 가는 관을 세웠을 때, 관 안에 액체의 면이 관 바깥 액체의 면보다 높거나 낮게 나타나는 현상이 생긴다. 물의 경우 관이 가늘수록, 틈이 좁을수록 높게 올라가고 수은은 반대이다.

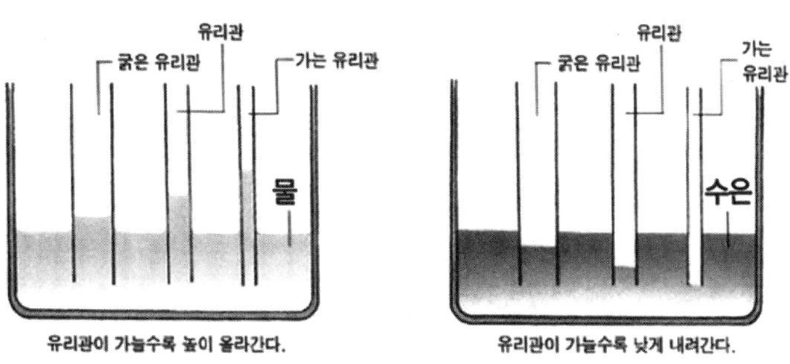

모세관 현상은 가는 관에서 뿐만 아니라 물체 사이의 가는 틈에서도 나타난다. 천의 한쪽 끝을 물이 담긴 그릇에 걸쳐 놓으면, 천 전체에 물이 적셔져 다른 쪽 끝에서 물방울이 떨어지는 것을 볼 수 있다. 이것은 천의 섬유가 모세관 구실을 하여 물을 빨아올리기 때문이다

단독주택 설계도면에서 잡석다짐 후 비닐을 깔고 외부는 방수하게끔 되어 있다. 간혹 외벽방수가 누락된 도면도 있지만, 정석대로 3종 세트처럼 시공해야 습기를 제대로 잡을 수 있다. 요즘 시중에는 스테고랩Stego Wrap이라는 비닐 대용 제품도 나와 있다.

버림콘크리트는 대충 버리는 타설?

공사를 오랫동안 해오면서 내린 결론은 기초공사보다 더 중요한 공정은 없다는 사실이다. 아무리 구조계산을 하고 외국에서도 인정할 만한 스펙의 시공이라도 기초공사가 잘못되면 사상누각이나 다름없다. 대부분 기초공사는 터파기 후 잡석 다짐과 비닐 깔기에 더해 버림콘크리트 타설이 필수로 진행된다.

잡석을 깔다 보면 바닥면이 울퉁불퉁해진다. 그 위에 5~10㎝ 두께로 콘크리트를 타설하여 수평한 면을 만든다. 이는 먹메김을 원활하게 함과 동시에 구체공사의 정확성을 위해서이다.

'버림콘크리트'라는 명칭으로 인해 버리는 타설로 오해하면 안 된다. 기초 타설의 가장 기본이 되는 공정이기에 레벨 체크를 수시로 해서 정확하게 타설해야 한다. 버림콘크리트는 '레벨콘크리트', '밑창콘크리트'라고도 불린다. 이 단계에는 철근이 들어가지 않는다. 버림콘크리트 타설이 굳으면 먹메김을 한다. 이는 기둥, 벽, 보의 위치 등을 확정하는 작업이기에 먹메김 이후 감리와 더불어 먹 검측을 반드시 해야 한다.

기초 외부에 방수를 고집하는 이유

다른 현장들을 둘러보면서 아쉬운 게 있다면 기초 외부에 방수를 안 한다는 점이다. 필자의 경우 도면에 관계없이 기초 외벽에 필히 방수와 단열재 시공을 함께 진행한다. 통상 설계도면에도 없는 사항이지만 꼭 적용해야 할 과정이라고 생각한다. 기초 터파기 시 자갈 깔기와 비닐 치기에 더해 기초 외벽방수와 단열재 작업은 3종 세트처럼 늘 현장에 적용해야 할 공정이다.

L.C.C [life cycle cost]

시공을 하면서 늘 염두에 두는 게 L.C.C(life cycle cost)이다. L.C.C란 건축물의 초기 투자 단계를 거쳐 유지관리, 철거단계로 이어지는 일련의 과정을 거치는 건축물의 라이프 사이클에 필요한 제비용의 합(생산비+유리관리비)을 말한다. 건축물도 하나의 투자개념으로 본다면 공정상 저울질이 필요하다. 예를 들어 초과되는 냉난방비의 부담을 안고 일반적으로 지을 것인가, 아니면 매년 냉난방비를 줄이기 위해 초기 투자비용이 올라가지만 단열 성능이 높은 자재와 공법을 적용할 것인가는 엄연히 건축주의 선택이다. 그 선택의 과정에서 필수 주요 공정을 짚어주고 제시하는 것은 시공사의 몫이라고 생각한다.

기초 외벽방수는 주택 내 습기 유입을 차단하기 위한 꼭 필요한 조치이다. 기초는 그 어느 공정보다 중요하다. 그런 기초공사를 동네 인력회사의 목수나 철근공한테 맡기고 뒷짐 지는 일은 없어야겠다. 전담 관리자가 진두지휘해야 한다. 건축주가 아무리 사전에 공부를 했어도 철근의 피복 두께까지 알지는 못할 것이며, 거푸집을 대고 레벨체크까지 할 수도 없는 노릇이다. 철근의 이음 정착을 어떻게 해야 내진구조가 되고 아주 튼튼한 기초가 되는지는 현장 관리자 몫이다. 외벽방수는 기초 바닥에 자갈과 비닐이 깔렸기에 측면이 습기의 통로가 될 수 있어 필요한 것이다. 방수공법도 여러 종류가 있지만 아스팔트 방수라도 빈틈없이 했으면 한다. 외벽방수까지 마쳐야 기초가 온전하게 습기로부터의 보호막을 갖추게 되는 것이다.

여기에 더해 한 가지를 추가한다면 외벽방수 후 외벽 단열재 부착이다. 우리나라는 어느 주택이나 겨울철 난방을 한다. 한겨울 외부 기초를 관찰하면 단열재의 역할이 왜 필요한지 알 수 있다. 따뜻한 열기가 기초에서 빠져나와 아지랑이가 옆으로 피어오르는 것을 어렵지 않게 볼 수 있다. 기초 외벽의 단열에도 신경을 쓰는 이유이다.

기초 방수와 단열재 부착 작업을 다 마치고 나서야 기초 되메우기를 한다. 설령 도면에 이런 디테일이 없다고 하더라도, 건축주가 미리 챙겨야 할 기초 과정이라 생각한다. 어느 시공사든지 없는 것을 추가로 해주는 곳은 없다. L.C.C를 고려해도 기초 방수와 단열 작업은 적은 추가 비용으로 큰 효과를 얻을 수 있는 공정이다. 기초가 더없이 중요한 공정이기에 재차 강조하였다.

제5장

경량
목구조
시공 포인트

- 선호도 높은 경량목구조 현황
- 기초 수평 레벨과 습기 차단이 핵심
- 경량목구조 벽체 세우기와 바닥공사
- 각종 배관 작업과 지붕공사
- 웜루프 VS 콜드루프
- 비오면 목구조에 반드시 천막을 씌워라
- 외벽에 구멍, 내벽엔 비닐을?
- 드라이비트로 통하는 외단열시스템에 대하여
- 간과하기 쉬운 목조주택용 못
- 열반사단열재를 목조주택 벽체에 설치하면
- 목조주택 화장실 방수에 대하여

선호도 높은 경량목구조 현황

예전에는 목조구조물에 대한 인식이 한옥이나 문화유적 정도에 불과했다. 1988년 서울올림픽 이후 북미의 목조주택을 경험한 이들이 서울에서 가깝고 풍광 좋은 상수도보호구역 등에 경량목구조나 통나무주택을 별장으로 하나둘 지으면서 세상에 알려지기 시작했다. 그러나 이때의 목조주택은 제대로 된 공법이 아닌 흉내를 내서 지은 수준이다 보니 대부분의 주택들에서 하자가 발생했다.

▲ 필자가 청주에서 시공했던 경량목구조주택 [설계 : 리슈건축]

이후 1990년 미국 임산물센터AP&PA가 서울사무소를 개설하고, 미국산 자재와 기술이 전파되었다. 1990년대 중반에는 정부에서 일산 신도시를 개발하면서 택지지구 일대에 북미형 단독 목조주택 단지가 생겨났다. 워낙 많은 목조주택이 지어지면서 이 시기를 기점으로 미국, 캐나다 기술자나 교포들이 유입되어 기술이 이전되었다. 나아가 캐나다우드를 비롯한 해외 목재 공급회사들이 대거 한국으로 진출하면서 적극적인 영업을 펼쳤다.

북미식 벗어나 한국형 목조주택으로

유명한 요리연구가인 백종원 씨도 한때 목조주택 사업에 뛰어들었던 시기로 본격적으로 건설량이 늘어나던 때였다. 도입 초기에 문제가 적지 않았으나 2004~2005년을 기점으로 경량목구조 기술을 알려주는 직업학교나 전문 클래스가 생겨나면서 목조주택이 조금씩 체계가 잡혀갔다. 이처럼 우리나라에서 역사가 채 30년이 안 된 경량목구조주택이 나날이 발전 중이다.

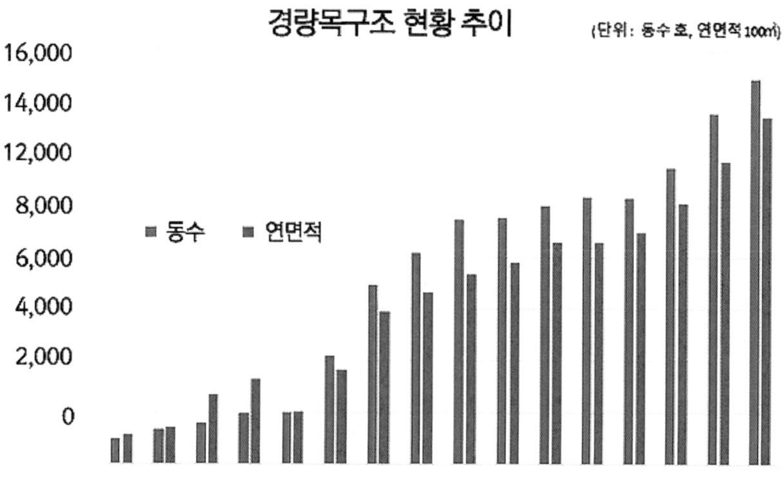

경량목구조 주택은 현재 매년 1만 채 이상 착공되고 있다. 국내에서 지어지고 있는 북미식 경량목구조주택은 주요 구조부기둥, 샛기둥, 보, 서까래, 장선가 목재로 이루어진 주택이다. 목조주택의 주요 골조 규격은 2″×4″~2″×12″이며 일반적으로 2″×6″를 많이 사용한다. 친환경자재의 사용으로 주목받고 있으며, 원래의 북미식 목구조 방식에서 벗어나 한국의 온돌문화와 접목하는 연구와 시도가 지속해서 진행 중이다.

일반벽돌집이나 철근콘크리트주택보다 공사 기간이 절감되며, 구조적으로도 외부로부터의 충격을 흡수하는 능력이 뛰어나 지진 등 자연재해에 저항력이 강하다.

기초 수평 레벨과 습기 차단이 핵심

앞장에서도 강조했듯이 가장 중요한 공정은 기초공사이다. 특히, 수평을 맞추는 일은 기초공사의 기본 중의 기본이다. 더불어 기초공사의 공정에 대한 물음표를 가져야 한다. '왜 터파기를 하는지', '왜 자갈을 까는지', '왜 비닐을 깔고 버림콘크리트를 타설하는지' 등등의 궁금증을 하나씩 풀어가다 보면 공정에 대한 이해도가 한층 높아지게 될 것이다.

목조주택 토대방부목 작업을 위해 사전에 콘크리트 타설 전 철근 배근 시에 스테인리스 앵커를 심어놓았다. 기초공사 시 설치해 두었던 규준틀을 기준으로 내벽 및 외벽 레이아웃을 잡아 먹메김을 한다.

▲ 씰실러는 2″×4″(38×89㎜), 2″×6″(38×140㎜) 두 가지가 시중에 있으며 길이는 15m 단위로 가격은 각각 5천~6천 원 정도이다. 토대 옆 깡통에는 오일스테인이 들었다. 토대를 자르면 그 부위에 오일스테인 칠을 해주어 목재 수명이 오래가도록 해야 한다.

토대를 앵커에 고정하기 전에 콘크리트와 맞닿게 되는 하단 부분에 사진 우측 상단에 있는 씰실러Sill sealer라는 재료를 붙인다. 이는 콘크리트에서 올라오는 수분을 막고, 목재와 기초의 기밀성과 단열성을 높이기 위한 공정이다.

토대는 일반 구조재와 색상부터 다르다. 방부목은 외부에서의 사용을 목적으로 하기 때문에 화학적 방부 처리가 되어 외장 마감재로 사용된다. 기초 토대용Mud Sill 목재로는 '햄퍼Hem Fir'가 대표적이다. 기초 토대용 데크 구조재로도 사용되며 '레드파인Red Pine'이라는 목재는 데크 상판재에 주로 사용된다.

위 사진에서 보듯 기초에 심어둔 앵커와 토대 접합 시 평와셔를 사용하고, 다음에 스프링와셔, 너트 순으로 조립한다. 원형이나 사각형의 평와셔는 접촉면적을 넓혀서 압력을 분산하는 효과가 있다. 스프링 와셔는 목재 수축으로 너트가 풀릴 수 있는 것을 마찰력으로 상응해 풀림을 방지하는 역할을 한다. 시중에서는 앵커볼트를 구입하면 볼트와 너트만 제공한다. 이와 별도로 평와셔, 스프링와셔도 구입하여 토대 시공에 쓰는 것이 바람직하다.

▲ ACQ 방부목재와 접한 금속의 부식

방부목도 초창기에는 C.C.A Copper 구리, Chrome 크롬, Arsenic 비소를 이용하여 방부 처리하였으나 비소가 발암물질로 분류되면서 우리나라에서도 2007년부터 사용이 금지되었다. 요즘은 A.C.Q Alkaline 알칼라인, Copper 구리, Quaternary 암모니아 화합물로 방부 처리된 자재를 사용한

다. 다만 A.C.Q방부목의 단점은 철물과 결합하면 화학반응을 일으켜 금속을 부식시킨다는 점이다. 토대작업 시 스테인리스 앵커에 스테인리스 못을 사용하는 이유이기도 하다.

시중에서 볼 수 있는 방부목은 대부분 수용성 방부목이다. 주로 습기 차단이나 벌레침투 방지용으로 일반목재와 구별을 위해 녹색이나 갈색 색소가 첨가된다.단 일본식 중목에서 토대 방부목은 색상이 목재색상과 같다 간혹 학교에서도 이런 방부목을 볼 수 있는데, 젖은 상태에서 만지거나 맨발로 뛰어다니는 일은 없어야 하겠다.

구분	사용환경범주	사용환경조건	사용가능방부제
H1		• 건재해충 피해환경 • 실내사용 목재	BB, AAC IPBC, IPBCP
H2		• 결로예상 환경 • 저온환경 • 습한곳에 사용목재	ACQ, CCFZ, ACC, CCB, CUAZ, CB-HDO NCU, NZN
H3		• 자주 습한 환경 • 흰개미 피해환경 • 야외사용 목재	ACQ, CCFZ, ACC, CCB, CUAZ, CB-HDO NCU, NZN
H4		• 토양 또는 담수와 접한 환경 • 흰개미 피해환경 • 흙,물과 접하는 목재	ACQ, CCFZ, ACC, CCB, CUAZ, CB-HDO A
H5		• 바닷물과 접하는 환경 • 해양에 사용하는 목재	A

▲ 방부목의 사용환경범주와 조건, 방부제 구분
(참고자료_국립산림과학원 고시 2009-7호, 별표1)

국립산립과학원에서 고시한 방부목 등급이다. 주로 전원주택에서는 H3 등급을 사용한다. 일본은 K1~K5 등급이 있으며, 우리나라와 적용 범위가 같다.

경량목구조 벽체 세우기와 바닥공사

경량목구조는 북미지역에서 주거용 건물의 건축을 위하여 가장 많이 사용하는 공법이다. 경량목구조주택은 좁은 간격으로 배치된 규격 치수의 구조용재규격재와 덮개재를 함께 사용하여 건축물의 구조체를 구성하는 건축방법이다. 건축물의 구조체는 기본적으로 강성과 함께 실내마감 및 외장마감 재료의 고정을 위한 지지, 단열재 설치를 위한 공간을 제공하는 역할을 한다.

우리나라에서는 주거용 건물의 벽에서는 2.4m 길이의 38㎜×140㎜호칭 치수 2″×6″ 부재를 스터드로 주로 사용한다. 단열성능을 높이기 위해 그 이상의 제재목도 사용한다. 경량목구조에서는 구조용 골조를 만들기 위하여 규격재일반적으로 38㎜ 제재목 및 이와 유사한 치수로 제조된 목질 제품을 사용한다.

사이즈별 부재로 규격에 따른 시공

토대작업이 끝나면 벽체를 세우는데, 우리나라에서는 북미에서 볼 수 없는 깔도리를 한 개 더 댄다. 이를 '이중밑깔도리Double bottom plate'라고 부른다. 이는 우리나라의 바닥 난방을 위한 마감 높이를 고려해 한두 단 더 깔아서 높이를 조절하기 때문이다.

바닥은 콘크리트의 습기를 생각한다면 방수작업을 하는 게 좋다. 특히 2층 바닥의 경우에 우리나라에서는 난방 배관 후 방통을 타설하기 때문에 방수시트를 권장한다. 방수시트가 없다면 목재 합판이 물을 흡수하여 부피가 팽창하면서 강도를 잃을 수 있다. 이를 막기 위한 방지대책으로 방수시트가 적당하다.

위 사진은 '헤더Header'이다. 헤더는 개구부가 생기면서 발생하는 상부의 수직하중을 보강해주는 부재이다. 하중을 받는 내력벽 헤더와 받지 않는 비내력벽 헤더로 나눠지는데, 외벽은 무조건 힘을 받는 내력벽 헤더인지라 보강작업이 필수이다. 필자는 상부의 수직하중을 받는 헤더는 구조적으로 이상이 없어야겠다는 생각으로 사진과 같은 방식으로 만든다. 이밖에 박스형ㅁ자형이나 한쪽에 단열재를 덧대는 방식으로 가공하는 시공자도 있다.

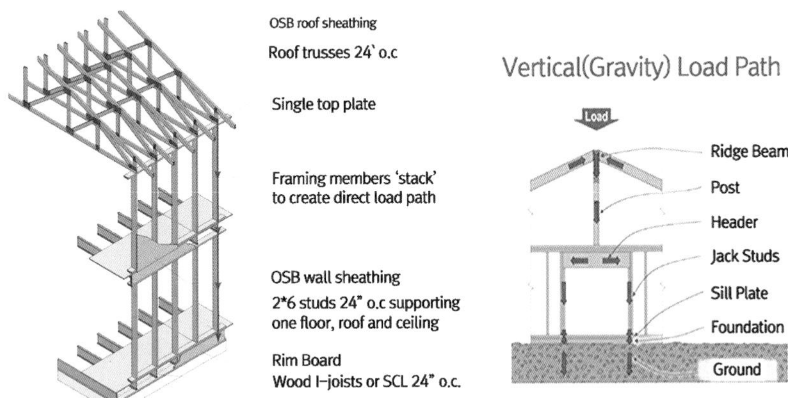

▲ 중요한 것은 헤더는 상부수직하중을 지탱해주는 부재인지라 반드시 외벽, 내벽에 설치해야 한다는 사실이다.

일본에서 지난 2009년에 진도 7.5의 지진 충격을 견디는 다층 목조주택에 관한 실험이 있었다. 일본의 세계 최대의 가상 지진 실험장에서 실시한 이 실험은 일본 방재과학기술연구소와 미국 콜로라도대학 연구팀이 함께 진행했다. 실험장에 6층 목조건물을 세웠고, 건물 내부에는 조명 및 테이블 의자 등을 배치했다. 40초 동안 이어진 진도 7.5의 가상 지진 실험에도 이 목조건물은 무너지지 않았다. 필자 생각으로는 경량목구조가 단순히 못의 힘만으로 7.5에 달하는 내진을 견뎌내기는 어렵고, 각종 철물보강이 있었기에 가능한 것이 아닐까 짐작한다.

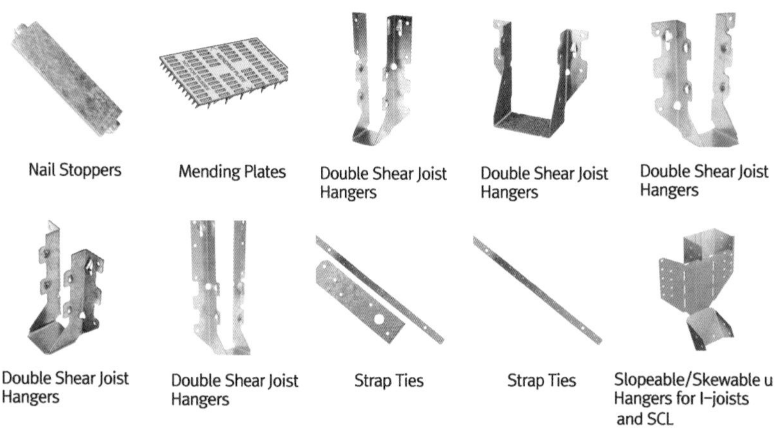

목조주택에서 최근 지진으로 인해 각종 보강 철물을 사용하는 빈도가 높아졌다. 심슨스트롱타이SIMPSON Strong-Tie만 검색하면 수백 가지 철물이 나온다. 물론 철물뿐 아니라 거기에 사용하는 각종 못도 중요하다. 위에서 받는 수직하중을 못의 힘으로 버터야 하므로 고정하는 못도 제 강도를 지닌 못이어야 한다. 각종 철물에 사용해야 할 못 규정을 참고하면 된다.

벽체를 세우면 다음 공정으로는 2층 바닥을 만든다. 거기에는 규격재 중에서 가장 큰 2″×12″ 부재를 가지고 16″ 간격으로 설치하게 된다. 장선 사이에는 대개 8피트 간격으로 보막이Blocking를 설치해 준다. 이는 장선의 처짐을 보강하기 위함이다. 또한 화재 시 장선 사이로 불이 옆으로 번지는 것을 방지하는 화염막이 역할과 소음을 줄여주는 역할도 더한다.

2층 바닥 장선이 완료되면 그 위에 O.S.B합판을 덮는다. 규격은 18.3㎜×1,220㎜×2,440㎜이다. 갈수록 목조주택에도 좋은 자재가 개발되고 있다. O.S.B합판 중에도 현장의 악천후에 노출되더라도 팽창이나 갈라짐, 휘어짐 현상이 거의 없는 자재들이 국내에 선보이고 있다. 가격은 2배 이상이지만 2층 바닥에 시공해볼 만한 자재이다. 위 사진은 어드반텍Advntech O.S.B와 레거시Lagacy O.S.B 방습 패널을 적용한 현장으로 사전에 건축주와 상의하여 해당 합판을 사용하게 되었다.

각종 배관 작업과 지붕공사

2층 바닥 합판이 완성되면 1층과 같이 도면에 의해 벽체를 세우고 지붕 작업에 들어간다. 지붕 서까래Rafter를 형성하기 위해서는 먼저 마룻대Ridge board가 설치되어야 한다. 박공지붕에서 서까래와 서까래가 만나는 윗부분에 놓이는 수평부재이다.

사진의 현장은 지붕마감재로 하중이 가벼운 징크가 사용될 예정이라 서까래 간격을 24″601㎜로 하였다. 통상 목조주택 현장에서는 16″나 24″ 간격이 적용된다. 그 이유는 목조주택이 북미에서 들어오면서 모든 재료들이 규격화되어 있기 때문이다. 6″ 벽체나 천장, 24″ 지붕도 구조계산에 의한 것이지만, 이에 맞춰 단열재도 규격화하여 벽체나 천장에 시공하는 것이다.

지붕 목구조 작업이 끝나면 외벽에 다시 한번 수직도를 체크하고 O.S.B합판을 붙인다. 이때 못 지름대개 3㎜ 정도의 간격을 띄워 시공한다. 그 틈이 없으면 추후 목재의 수축팽창으로 겹친 부위가 서로 맞닿으면서 튀어 오를 수 있다. 이는 외벽에 시멘트보드CRC보드를 부칠 때도 마찬가지이다. O.S.B합판을 설치 작업 시 간격 유지를 위한 O.S.B용 클립을 사용하면 효과적이다. 참고로 후버사에서는 O.S.B합판도 집시스템ZIP SYSTEM을 개발하여, 고단열주택에 적용하고 있으니 참조바란다.

목골조 공사가 일단 끝나면 전기팀과 설비팀이 다음으로 배관 작업을 진행한다. 설비에서 중점 사항은 화장실 배관과 난방배관 후 방통공사이다. 사실 방통방바닥 통미장공사은 시공사마다 시공스타일이 약간씩 다르다. 우선 바닥에 단열재를 깔고 배관을 고정하는 역할을 하는 와이어 메쉬를 놓은 다음, 그 위에 난방 배관을 한다. 대부분 크랙 방지와 비어 있는 배관재가 뜨는 것을 방지하기 위해 국내에서는 검정색 차광막을 주로 사용한다. 그런데 동방열판을 검토해 볼 만하다. 동방열판으로 인해 골고루 따뜻하고 난방비가 절감되는 효과가 있다. 많은 현장에서는 차광막을 많이 사용하는데, 시공사와 사전에 협의하는 것이 좋다.

결국 목조주택은 습기와의 전쟁

2층 바닥에 방수를 안했다면 비닐이라도 까는 게 좋다. 비닐과 비닐 사이는 테이핑 작업으로 최대한 물이 1층으로 안 새도록 하는 게 좋다. 이 현장에서는 비닐을 깔고 벽체는 1층 토대작업 시 사용했던 씰실러를 활용하여 벽체에 고정하였다. 방통공사는 물, 시멘트, 모래가 주성분이다. 특히 물은 빈틈이 있는 곳으로 흘러서 방통의 양생과정에서 수축 팽창을 하다 보니 어디선가 금이 갈 수 있다. 사실 철근이 들어가는 공정이 아니라 실금을 잡기가 굉장히 어렵다. 벽체에 댄 씰실러가 조금이나마 단열과 양생 시 수축과 팽창을 완화시켜주는 역할을 한다. 내부 공사의 방통양생이 끝나면 본격적으로 단열재 공사가 이어진다.

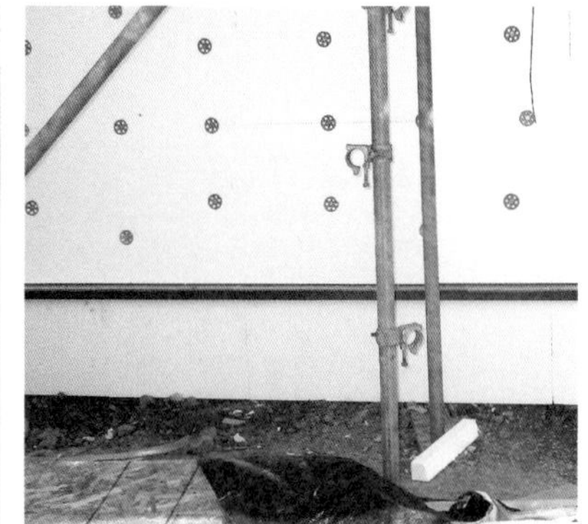

벽체에 레인스크린을 설치한다. 레인스크린Rainscreen은 목구조로 빗물이 침투하는 것을 방지하기 위한 시스템으로 필히 시공하기를 권한다. 위로는 처마벤트까지 연결되어 습기가 빠져 나가고, 수분으로 인해 벽체가 젖는 것을 막는 데 효과적이다.

콘크리트 기초와 목조 벽체 사이에는 재료분리대를 설치한다. 이는 서로 다른 이질 접합부의 수축·팽창을 완화시켜주는 효과도 있지만 단열재 뒷면의 습기가 물이 되어 흐르는 것을 이 재료분리대를 통해 배수되는 목적도 있다. 그 사이에 10㎜ 정도 이격이 생기는데 버그망스테인리스 망을 설치하여 벌레가 들어오는 것을 방지해야 한다.

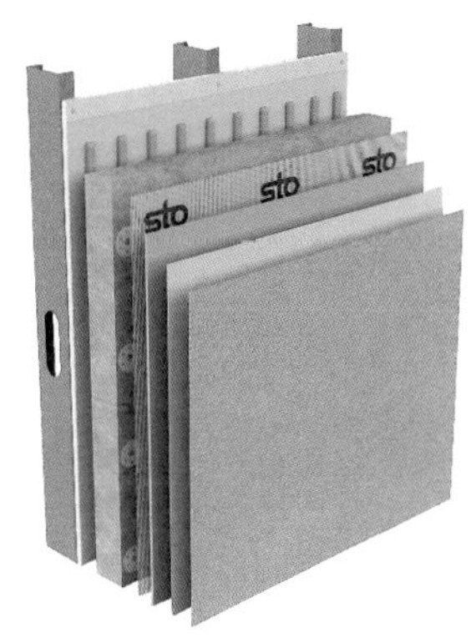

우리나라는 동절기에 난방을 하기 때문에 단열재를 덧댄다. 내부의 온기가 빠져 나오는 것을 단열재가 막아서 열 손실을 줄일 수 있다. 사진의 현장은 STO 외단열 마감이 적용되었다. 국내에서는 비드법 단열재를 많이 사용하는데 글라스울, 미네랄 울을 쓰기도 한다. 핵심 포인트는 외벽에 사용하는 단열재는 물을 흡수하는 성질의 단열재를 사용하지 말아야 한다는 점이다.

웜루프 VS 콜드루프

단열 성능을 강화하기 위해 주로 사용되는 천장 단열재이다. 천장 서까래에 단열재가 충진되지만, 그 위 직각 방향으로 단열재를 덧대는 이중 단열이 우리나라에서 사용되고 있다.

▲ 천장 단열재가 시공된 안팎의 모습

단열재 위에 지붕용 투습방수지를 덮는다. 다시 각재를 서까래 방향으로 고정한다. 이 각재2″×2″는 처마벤트와 용마루벤트를 연결함으로써 습기를 배출하는 통로 역할을 한다. 각재 위에 합판을, 그다음 지붕마감재사진의 현장은 징크로 마감하는 순서로 진행된다.

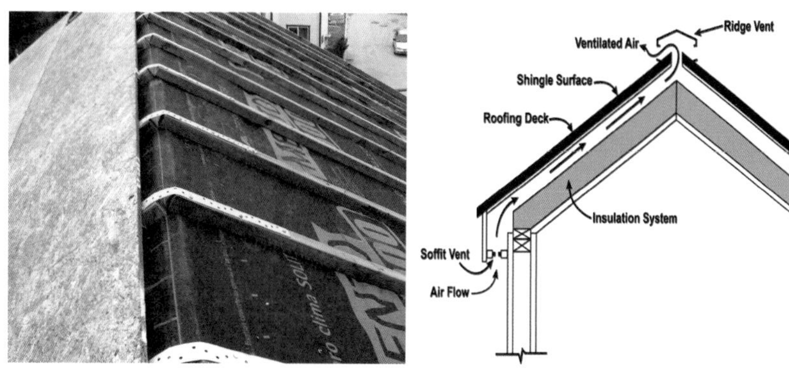

지붕 마감 단면이다. 2″×10″ 구조재를 24″ 간격으로 설치하고, 사이에 단열재가 들어간다. 그 위에 2″×2″ 각재를 서까래 대각 방향으로 설치한 다음 그 사이에 50㎜ 단열재를 넣는다. 단열재를 투습방수지로 덮고, 서까래와 같은 방향으로 2″×2″ 각재를 한 번 더 설치한 다음 합판으로 덮으면 각재가 환기 통로가 된다. 합판 위에 방수시트를 붙이고 지붕마감재로 마감한다. 요즘 주로 적용하고 있는 지붕 구조이다. 웜루프가 아닌 콜드루프의 일종이다. 위 좌측 사진과 같이 벽체부터 지붕까지의 원활한 환기 구조를 만들어야 한다. 목구조를 오래 설계한 분들의 설계도를 보면 대부분 이런 디테일이 명기되어 있다. 필자 역시 설계도면에 관계없이 지붕 공사에 적용하고 있다. 다만, 위와 같은 콜드루프 방식에서 주의할 점이라면 통기틈새Airspace 구간의 밀폐에 신경써야 한다는 것이다.

다락공간 유무에 따라 지붕 방식 선택

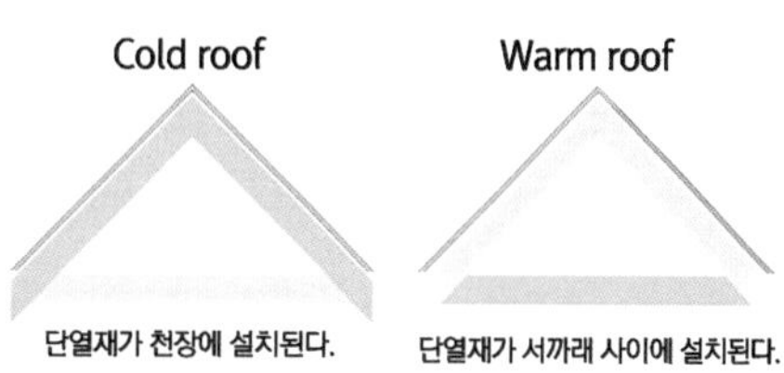

목조주택 초창기에는 웜루프나 콜드루프 방식으로 작업하였다. 서까래가 단열재에 의해 보온되지 않으면 콜드루프Cold roof, 좌측 그림, 서까래가 단열재에 의해 보온되는 지붕은 웜루프Warm roof, 우측 그림에 해당한다. 콜드루프라고 해서 차가운 지붕이고,

웜루프라고 따뜻한 지붕이라는 의미는 아니다. 지붕 밑에 다락 공간이 있다면 웜루프를 선택할 수밖에 없고, 다락이 없으면 콜드루프로 시공하면 된다. 점차 단열성능이 좋아지다 보니 환기 문제가 대두되었는데, 그 대안으로 벤티드루프Vented roof와 언벤티드루프Unvented roof가 나오게 된 것이다.

벤트는 집안에서 지붕으로 올라가는 습기가 빠져 나가도록 환기 작용을 하는 장치이다. 징크로 마감하는 지붕은 벤트가 생략된 채 단열을 하는 웜루프 방식으로 시공되는 경우가 있다. 웜루프 방식으로 시공되더라도 릿지Ridge 부분엔 벤트를 만들어야 한다. 아무리 밑에서 기밀시공을 했다손 치더라도 빠져나오는 습기는 반드시 있기 때문이다.

여담으로, 간혹 지붕 서까래 사이에 스프레이폼으로 두껍게 시공하면 괜찮다고 주장하는 이들이 있다. 그러나 스프레이폼으로도 습기가 통과한다는 사실을 알아야 한다. 동서고금을 막론하고 목조 건축물에서는 습기 배출을 위한 공기환기구Vent를 목격할 수 있다.

◀ 우리 한옥에서도 처마벤트를 찾아볼 수 있다.
▲ 대만 기단 부위의 벤트 ▼ 중국 자금성에서 발견한 벤트

지붕 아래 천장은 석고보드로 완전히 밀폐시켜야 맞다. 하지만 현실적으로 완벽한 밀폐가 어렵고 습기로 인한 문제가 발생하기도 한다. 이를 해결하기 위해 단열재 위쪽에 환기를 위한 공간을 두는 것이다. 이것이 바로 벤티드루프이다. 이처럼 목조주택 지붕이 어떻게 형성되는지 건축주도 이해가 필요할 것 같아 설명해 드렸다.

비오면 목구조에 반드시 천막을 씌워라

국내 목조주택 초창기에는 목구조에 '비를 맞춰도 된다, 또는 안 된다' 말이 참으로 많았다. 필자는 이런 논란에 관계없이 빗방울이 떨어지면 무조건 목구조에 천막을 쳐서 비를 맞춘 적이 없다. 133

가끔 비를 맞춘 현장들을 돌아다녀봤다. 합판과 장선 사이 곰팡이가 생기는 것을 볼 수 있었다. 설령 비를 맞췄더라도 확실하게 말려야 하는데, 가장 말리기 힘든 부위가 목재가 겹쳐진 곳이다. 그곳에 한번 수분이 침투하면 좀처럼 습기가 빠져나오기 힘들다. 나무가 젖은 상태로 단열재를 충진하고, 석고보드 작업을 완료한다면 습기로 인한 곰팡이가 대량 번식할 가능성이 높다. 때문에 무슨 수를 써서라도 말려야 한다. 어느 정도 말린 다음 함수율 측정을 하고 다음 공정으로 넘어가야 한다.

비를 맞추고 안 맞추고는 빌더의 기본자세에 대한 문제이다. 우리나라는 분명한 우기가 있고, 예기치 않은 비도 오기 때문에 한쪽에는 사전에 비가림막을 준비하고 골조공사를 하는 게 맞다. 갑작스러운 소나기야 어쩔 수 없다지만, 하염없이 비를 맞춘 현장이라면 결국 목재 함수율을 낮추기 위해 2~3주는 아무 일도 못하고 목재를 말리는 일에 매달려야 할 것이다. 특히 바닥 O.S.B합판은 대개 잘 젖지 않는 편이지만, 일단 젖게 되면 마르는 게 굉장히 더딘 성질을 가졌다. 자주 비가 오는 지역의 현장이라면 앞서 언급한 바 있는 어드반텍 Advan Tech 합판을 추천한다. 가격은 2배 이상이지만 그만큼 성능이 우수한 자재 중 하나이다.

외벽에 구멍, 내벽엔 비닐을?

아무래도 경량목구조는 북미에서 건너온 공법이다 보니 배우는 입장에 선 그쪽 시방서를 따를 수밖에 없다. 국내 도입 초창기에는 북미 현장의 시공법이 마치 정석인 양 추앙받던 때도 있었다. 그러나 개중에는 우리나라 기후와 상황에 맞게 바로잡아야 할 시공법이 분명 있다. 그 대표적인 게 외벽 O.S.B합판에 구멍을 뚫는 것과 내벽에 기밀을 목적으로 비닐을 치는 것이다.

벽체 합판에 구멍을 뚫었던 이유는 벽체로 들어온 습기를 배출하여 O.S.B합판이 상하지 않도록 하기 위함이라고 한다. 자세히 설명하면 실내의 따뜻한 공기가 벽체를 통해 확산되는데 바깥쪽 O.S.B합판에 닿으면 결국 결로가 생기고 이게 건조가 되지 않아 문제의 원인이 된다는 말이다. 그래서 O.S.B합판에 구멍을 뚫어주면 습기가 빨리 빠져나가 결로를 예방한다는 논리였다. 얼마 전까지만 하더라도 실제 이런 현장을 볼 수 있었다. 그러나 결론적으로 구멍을 뚫으면 안 된다. 수증기의 방향이 일정하게 한 방향으로 흐른다는 게 문제가 아니다. 습기의 방향은 겨울철과 여름철이 정반대라는 점이다.

여름철에 습기는 밖에서 안으로 들어오지만, 겨울철은 안에서 밖으로 흐른다. 결국 사진처럼 낸 구멍은 겨울철에만 효능이 있다. 여름철은 외부 습도가 실내 습도보다 높아서 구멍은 벽체 안으로 대량의 습기가 들어오는 통로가 될 수밖에 없다. 외부로부터 유입된 습기를 타이벡이 무조건 막아주는 게 아니다. 타이벡은 투습방수지로 습기를 통과시킨다. 한때 북미에서 대규모 하자가 발생하자 내세웠던 고육지책으로 이제는 사용해서는 안 되는 시공법이다. 그런데 국내에서 아직까지 이렇게 시공되고 있는 현장이 있으니 안타까운 일이다.

기후와 상황에 따른 선택

O.S.B에 구멍을 뚫는 것과 마찬가지로 추운 나라에서나 적용할 만한 실내에 비닐을 설치하는 시공법이다. 4계절이 비교적 뚜렷한 우리나라 여름철에는 외부 습기가 안으로 들어

오지 못하고 비닐에 맺히면서 단열재를 젖게 하고 결국 목재를 썩게 만드는 원인이 된다. 다른 나라에서 이렇게 하니 우리나라도 똑같이 해야 한다는 법칙은 없다. 자재 하나라도 우리나라 기후와 상황, 생활습관에 맞게 어떻게 적용할지 늘 고민해야 할 일이다.

'드라이비트'로 통하는 외단열시스템에 대하여

10여 년 전만 해도 목조주택 외장재는 대부분 시멘트사이딩 아니면 적삼목사이딩, 비닐사이딩이 대부분이었다. 시공이 쉽고 가격도 저렴한 데다 내구성도 좋아서 빌더들이 외장까지 마감하곤 했다. 그러나 언제부턴가 목조주택에 사이딩류가 현격히 줄어들고 스타코 마감으로 바뀌었다. 처음에는 일명 '드라이비트'로 불리면서 외장에 시공되었다. 드라이비트는 원래 '스타코'라는 EIFSExterior Insulation Finish System : 외단열시스템을 공급하는 회사명이다.

외단열시스템은 외장재의 선택에 따라 다소 차이가 있다. 독일산 마감재는 '스토STO'라고 부르며, 라임계 천연 컬러몰탈로 시공되는 프랑스산 '모노쿠쉬'도 있다. 어느 재료를 사용하느냐에 따라 마감 두께에서 조금씩 차이는 있지만, 시공 순서는 별반 차이가 없다.

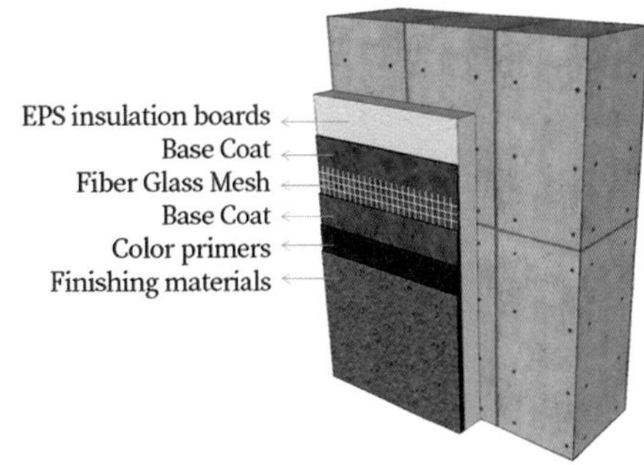

EIFS의 역사를 잠시 살펴보면, 2차 세계대전 이후 유럽의 전후복구 과정에서 이 기법이 사용되었다. 간편한 방법에 효과가 높은 게 알려지면서 미국에서도 이 공법을 역수입해 사용

하였다. 그러나 미국에서 엄청난 하자가 발생했다. 유럽은 대부분 벽돌이나 콘크리트 구조였으나 미국은 목조주택에 적용했던 것이다. 정확한 원인은 단열재 바로 뒤쪽에 레인스크린으로 형성되는 '드레인에이지 플레인Drainage plane'이라는 일종의 배기층이 부재했기 때문이다.

목조주택 벽체의 습기를 제대로 배출시키지 못했기 때문에 엄청난 하자가 유발된 것이다. 단열재와 타이벡투습방수지 사이에 배수도 되고, 공기도 통하는 층을 초창기에 생각지 못한 점이 원인이었다.

배수와 통기가 가능한가

국내 사정도 별반 나을 바가 없었다. 도입 초창기 목조주택 역시 레인스크린의 설치가 부재한 가운데 스타코 마감이 시공되었다. 당연히 설계에도 목조주택 외단열 마감 시스템이 제대로 설명되지 못했다. 우리나라에서는

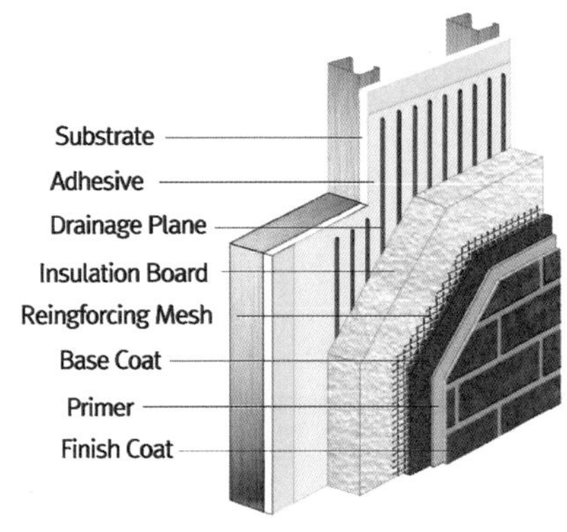

레인스크린이나 드레인에이지 플레인에 대한 용어 정의조차 모호했으

나, 결국 둘의 역할은 같다. 빗물이 들어오면 아래로 흘려보내고, 내부 습기를 빨리 배출하기 위한 목적이 동일하다. 레인스크린은 나무 쫄대를 벽체에 덧대서 간격을 유지하거나 그물망수세미처럼 생긴 레인스크린용 드레인 매트벤자민 옵디의 슬리커를 사용해 만든다.

결국 목조주택에서 스타코 마감은 EPS단열재와 타이벡하우스랩, 투습방수지 사이에 배수와 통기가 가능한 공간을 반드시 확보해야 한다는 것을 전제로 한다.

레인스크린에 의한 열손실은 미비하다

간혹 레인스크린에 의해 생기는 공간으로 바람이 들어와 주택의 단열성능이 떨어진다는 지적이 있다. 어떤 근거인지 모르겠으나, 구체적인 연구로 이를 바로 잡은 저명한 빌딩사이언스의 과학자 조 스티브룩 칼럼의 내용을 소개하고자 한다.

"단열재 뒤쪽에 공기가 흐르니까 당연히 열도 빠져나가 단열성능에 영향을 미친다. 그러나 그 손실은 미비하다. 바깥쪽에 단열재를 괜히 설치한 게 아니다. 배기 및 배수의 공간으로 인한 벽체의 단열성능 저하 비율은 약 5% 정도이다."

레인스크린의 장점에 비하면 그 정도 손실은 문젯거리가 안 된다는 얘기이다. 집짓기를 하다 보면 너무도 제각각 경험치에 의존한 말들이 많다. 목조주택에도 팩트 체크가 중요하다.

간혹 단열재 대신 시멘트보드CRC보드를 부친 다음 스타코 마감을 하는 현장도 간혹 있는데, 사용에 주의가 필요하다.

We have seen an alarming number of sealant failures associated with a wide range of fiber cement panel applications (e.g. DEFS, synthetic stucco, textured finishes). Many of these failures occur within five years of installation and point to excessive panel movement, insufficient edge support, inadequate control joints, and poor sealant design. Below we provide broad recommendations intended to extend the service life of fiber cement panels on framed wall construction.

1. Vertical joints in the field should accommodate 1/4" spacing in climates subject to extreme temperature changes.
2. Design joints for proper moisture resistance and release.
3. Employ joint covers or battens.
4. Achieve required panel edge support.
5. Fiber cement panels for Direct Applied Exterior Finish (DEFS) applications are not suitable for cold climates or climates that receive greater than 20" of rainfall precipitation.
6. Fiber cement panels utilizing taped joints are not suitable for cold climates or climates that receive greater than 20" of rainfall precipitation.
7. Fiber cement panels should always be installed in conjunction with a ventilated or pressure equalized rainscreen.

시멘트보드 시공에 대한 공신력 있는 외국자료이다. 핵심 내용을 살펴보면, 1번 시멘트보드가 수축팽창을 하므로 수직 접합Joints 부분은 1/4″6㎜ 정도 띄워서 시공해야 하고, 다음 중요사항인 5번은 추운 지방이나 연간 강수량이 20″500㎜ 이상 되는 곳에서는 시멘트보드가 적합하지 않다는 내용이다. 이러한 시험결과에 따르면 우리나라 여건에는 시멘트보드가 적절치 않다는 결론이 나온다.

간과하기 쉬운 목조주택용 못

경량목구조에서는 보통 8d~16d 규격의 못을 사용한다. 구조재를 결속할 때에는 16d=89㎜=3-1/2″ 못이 사용되고 합판 부재를 결속할 때는 8d=63.5㎜=2-1/2″ 못이 주로 사용된다. 20d=100㎜=4″ 못도 국내에 공급되는데, 주로 빔이나 대들보, 용마루 등에 사용된다.

토대에 쓰이는 ACQ방부목은 구리 성분으로 인해 강한 부식성으로 금속을 손상시킬 수 있다고 앞서 언급하였다. 같은 89㎜ 못이라고 하더라도 스테인리스2,000PCS/BOX 못을 쓰는 게 바람직하다. 좋은 집의 출발점인 토대인 만큼 비싸지만 확실한 스테인리스 못으로 사용하는 시공사가 최근에 늘어나는 추세이다.

용도에 따라 못을 달리 써야

경량목구조주택 시공 시 모든 이음 긴결은 못의 힘에 의해 결정된다. 물론 구조재 선택도 중요하지만, 무엇보다도 규정에 맞는 못을 사용함으로써 예상치 못한 자연재해로부터의 피해를 줄일 수 있다. 시중에서 가장 많이 사용하는 건네일Gun-nail용 못은 8d와 16d이다.

지금 우리나라에서 사용되고 있는 네일건이다. 마키타, 디월트, 보쉬티쉬, 센코, 히타치 등 다양하다. 여기에 쓰이는 못의 크기는 2d부터 60d 까지 다양하다. 국내에서는 주로 8d=63.5㎜=2-1/2″합판 고정용와 16d=89㎜=3-1/2″골조 고정용가 많이 쓰인다.

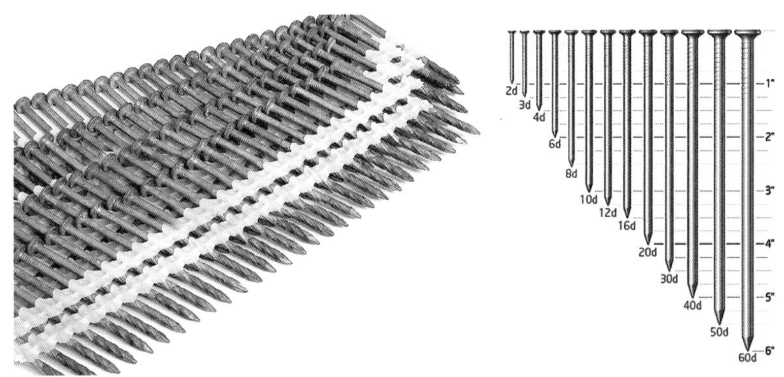

위 사진의 못들을 보면 플라스틱으로 연결되어 있다. 이외에 동코일이나 종이로 연결된 못도 있다. 못의 규격, 예를 들어 8d, 16d에서 d는 지름이 아니고, 로마의 은화 데나리우스Denarius의 첫 글자에서 따온 단위이다. 1데나리우스는 당시 못 100개의 가격, 노동자의 하루 품삯이었는데, 현대에 와서 목조주택 못의 길이를 뜻하는 의미로 변형되었다.

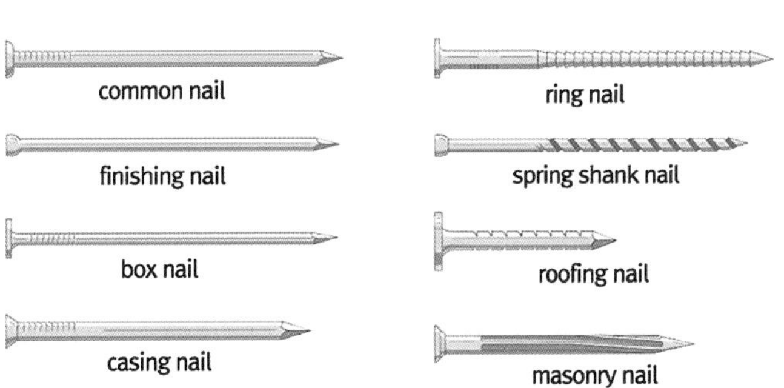

■ 못의 표면 처리에 따른 분류

못의 표면 처리에 따른 분류	▶ **무도금(Bright)** : 도금하지 않는 못. 일반적으로 실내용으로 가격도 저렴하다. 녹이 쉽게 발생되는 단점으로 외부 작업은 어렵다. ▶ **전기 아연도금(Electro Galvanized, EG)** : 무도금못에 전기를 통하여 액체의 아연을 흐르게 하여 얇게 코팅한 도금 형태. 표면이 얇고 매끄러우며 은색의 밝은 광택이 나고, 염수분무 테스트(염분 5% 함유된 물)를 하게 되면 48~72hr이 지나고 녹이 발생한다. 염분농도가 높은 해안지방에서는 사용을 자제하고 습기가 적은 곳에서 사용한다. ▶ **용융아연도금(Hot Dip Galvanized, HDG)** : 목구조에서 주로 사용한다. 무도금못을 녹은 아연용액에 담근 후 그대로 말려 도금을 두껍게 입힌 상태의 못이다. 스테인리스에 비해 가격이 저렴하고 반영구적인 녹 방지 효과가 있다. 표면이 두껍고 거칠며 진회색이며 광택이 없다. 골조작업용 못은 2,000발이 1Box이다. 시중에는 비도금, 전기아연도금, 용융아연도금 세 가지로 판매한다. 비도금 83㎜가 25,000원 정도이며, 용융도금은 36,000원 정도이다. 예를 들어, 40평 기준 평당 1박스 안팎이 소요된다. 40Box를 용융도금을 안 쓰고 비도금으로 쓴다면 작업자가 40만~50만 원을 작업자가 절감하게 되는 셈이다. 최소한 관리자는 어떤 못을 사용하는지 체크해야 한다.
못의 머리(nail head)에 따른 분류	▶ **유두못(Round head)** : 가장 일반적인 형태이다. 못의 머리가 원형이며, 머리 크기는 못의 몸통 두께에 비례해 규격이 결정된다. 용융도금으로 최대한 녹방지 처리되었고, 외부에 많이 사용한다. ▶ **무두못(Casing nail)** : 못의 머리는 있으나 아주 작아 못을 박은 후 머리 부분이 목재 속으로 파묻히도록 만들어진 못이다. 실내계단이나 처마도리 고정용으로 사용된다.
못의 몸통(nail shank)에 따른 분류	▶ **민자못(Smooth shank)** : 가장 기본적인 형태로 못이 박히는 힘이 높아 일상에서 많이 쓰이는 못이다. ▶ **꽈배기못(Screw shank)** : 못의 표면이 넓은 나사 형태로 단단한 바탕에서 못의 버팀력을 높일 필요가 있을 때 사용한다. ▶ **링못(Ring shank)** : 못의 표면이 좁은 나사 형태이다. 연한 목재에 못을 박을 때 못의 버팀력을 높여야 하는 상황에 쓰인다. 특히 수분 함량이 높은 목재에 효과적이다. ▶ **지붕못(Roofing nail)** : 지붕 방수를 위해 머리 모양이 크다. 길이는 1-1/4″(32㎜), 1-3/4″, 용융도금이며 링 타입이다.

고정력이 높은 나사못 [Delta screw]

종류나 길이도 다양하다. 스테인리스도 있고 용융도금도 시중에 나온다. 주로 데크 상판이나 석고보드를 시공할 때 못보다는 나사못피스을 사용한다. 나사못이 일반 못보다 3배 이상 고정력이 높은 것으로 알려져 있다.

접시머리 — 8# 굵기 - 4.2mm

	13mm	16mm	19mm	25mm	32mm	38mm	50mm	65mm	75mm	100mm
1봉 갯수	500개	500개	500개	500개	300개	300개	200개	200개	100개	100개

둥근머리 — 8# 굵기 - 4.2mm

	13mm	16mm	19mm	25mm	32mm	38mm	50mm	65mm	75mm	100mm
1봉 갯수	500개	500개	500개	500개	300개	300개	200개	200개	100개	100개

와샤머리 — 8# 굵기 - 4.2mm

	13mm	16mm	19mm	25mm	32mm	38mm	50mm	65mm	75mm	100mm
1봉 갯수	500개	500개	500개	500개	300개	300개	200개	200개	100개	100개

그렇다고 집의 구조체를 만들고 마지막에 O.S.B합판을 붙일 때, 건네일 대신 고정력이 좋다는 이유로 피스로 고정하면 안 된다. 못은 과한 힘을 받으면 휘어지는데, 나사못은 부러진다. 집이라는 구조체는 참으로 다양한 힘을 받는다. 한쪽에 인장력을 받으면 반대쪽은 압축력을 받고, 태풍이나 지진에는 저항하는 힘이 발생한다. 못은 작용하는 여러 힘에 유연하게 대응하는 반면 피스는 어느 순간 부러지고 만다. 그런데도 간혹 내진에 대비한다면서 나사못을 사용하는 현장들을 여럿 본 적이 있다. 못도 사용처가 각각 다름을 알 수 있다. 한편, 인테리어 공사 시 주로 사용하는 못에 대해서도 알아보겠다.

◀ 422J는 ㄷ자 못으로 '폭이 4㎜, 길이가 22㎜'라는 의미이다. 따라서 1022J는 폭이 10㎜이고, 길이가 22㎜라는 뜻이다. 주로 합판이나 석고보드, MDF 같은 판재를 모체에 고정할 때 사용한다.

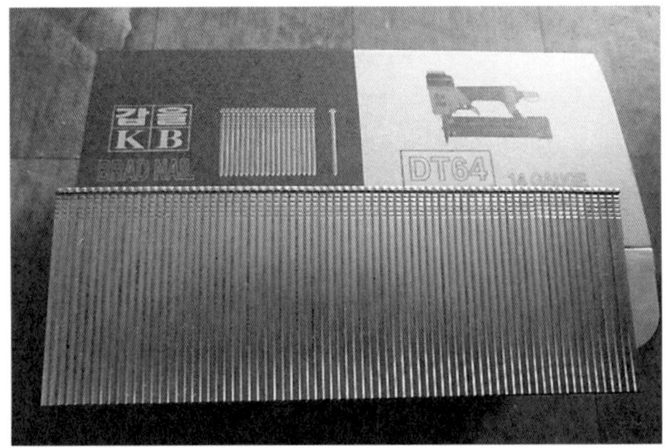

◀ F30 길이는 30㎜이다. 마감할 때 사용하는 못으로 머리 부분이 작다. F20, F25 등 다양하다.

◀ DT64 길이는 64㎜. 주로 각재를 모체에 고정하는데 사용된다.

석고보드를 모체에 고정하는 피스도 따로 있다. 현장에선 주로 25㎜, 32㎜ 외날이 사용된다.

열반사단열재를 목조주택 벽체에 설치하면

목조주택 외장마감 순서를 다시 정리해보면 이렇다. 벽체에 스터드가 세워져 있고 스터드를 단단히 고정하기 위해 O.S.B합판을 붙인다. 다음 투습방수지인 타이벡을 두르고 외장마감을 한다. 여기에 사이딩을 부친다거나 스타코 마감이나 세라믹사이딩 작업 등으로 외부가 완성된다. 그런데 더 따뜻한 집을 짓기 위해 종종 외벽에 열반사단열재를 추가로 시공하는 현장들이 더러 있다.

어느 현장을 우연히 들렀다가 열반사단열재를 외벽에 시공 중인 단계를 찍은 사진이다. 상식적으로 생각해보면 겨울철엔 너도나도 난방을 한다. 실내는 데워질 것이고 더워진 공기는 작은 틈을 찾아 외부로 나가려고 할 것이다. 목조주택 시공의 가장 중요한 시공 포인트 중 하나가 습기 관리이다. 습기를 통제하려면 젖는 상태를 최소화시키고 이른 시일 내에 건조해야 한다. 이를 위해선 빠져나가려는 습기가 합판을 뚫고 나가야 하는데 습기 투과성이 전혀 없는 열반사단열재에 가로막히게 된다. 결국 그 습기는 바로 뒤편에 있는 O.S.B합판을 젖게 만드는 결정적인 원인이 된다. 합판이 늘 젖어 있다면 필연적으로 썩게 마련이다.

왜 유독 우리나라만 열반사단열재를 많이 사용할까? 필자 생각으로는 철근콘크리트를 짓는 작업자가 목구조까지 손대면서 발생한 일이 아닐까 추측해본다. 콘크리트주택은 열반사단열재를 사용해도 단열상 문제와 결부되지 목조주택처럼 습기가 누적되는 재료상의 문제는 거의 없다. 이제 시공에도 재료의 물성을 정확히 알고 어느 구조체와 궁합이 맞는지도 생각하며 적용하여야 할 것이다.

열반사단열재를 사용하고 싶다면

지방 출장이 잦은 필자로서는 지금도 열반사단열재를 사용하는 현장을 어렵지 않게 마주친다. 반짝반짝 빛나는 것에 대한 선호, 과장된 시험성적서, 과거 경험을 주로 내세우는 동네업자들의 주장이 버무려진 결과가 아닐까 싶다. 구글 검색창에 시험성적서만 검색해도 일반적인 단열재보다도 열반사단열재 시험성적서가 더 많이 올라와 있다. 일단 열반사단열재는 복사열에 대한 효과는 분명 있다. 복사열을 반사하는 효과를 내기 위해서는 그 반사면 앞에 반드시 열선을 투과하는 공간이 존재해야 한다. 다시 말해 외부 방향으로 공기층이 반드시 필요하다는 것이다.

공기층을 만들지 않고 외부 마감재를 밀착해서 시공했다면, 그건 복사현상이 아니라 전도현상으로 장르가 바뀐다. 열반사단열재를 10㎜ 두께로 사용했나면 그냥 일반 스티로폼 단열재 10㎜를 덧대고 시공한 것과 별반 차이가 없다. 결론적으로 효과를 기대하기 어렵다는 말이다.

사용하지 않는 게 바람직하지만, 굳이 사용한다면 위에 사진과 같이 공기층을 두어야 한다.

한편, 열반사단열재를 벽체보다는 지붕에 시공하는 현장도 볼 수 있다. 지붕 역시도 열반사단열재를 시공한다면 공간을 확보해야 한다. 단열재 앞뒤 공간이 있어야만 그나마 효과를 볼 수 있을 것이다. 주로 더운 나라에서 지붕에만 사용하는 사례는 본 적이 있다. 우리나라에서 팔리고 있는 열반사단열재 중 투습력이 있다는 열반사단열재가 목조주택에 많이 적용되고 있는 현실이다. 그 자재를 판매하는 업체의 홈페이지를 들어가 봐도 벽체 사진은 없고, 지붕에 사용하는 사진을 올려놓은 것을 볼 수 있었다.

목조주택 화장실 방수에 대하여

단독주택 시공회사라면 최소 10여 년은 지나야 어느 정도 안정된 집을 지을 수 있지 않나 생각해본다. 경험이 부족한 시공회사들은 늘 도면대로 시공할 수밖에 없다. 여러 프로젝트를 경험하고 때로는 하자를 책임 있게 해결해 나가면서 하나둘 비결이 쌓여 나간다. 그 연장선상에서 필자는 아직까지 목구조주택의 화장실 방수에 대한 확실한 디테일이 없다는 게 아쉽다.

참으로 다양한 방법으로 방수도 하고 벽체 마감도 적용해봤다. 초창기 도면에는 방수석고보드를 벽체에 붙이고 방수를 한 다음 타일로 마감하라는 디테일이 대부분이었다. 그런데 방수석고보드는 3년을 못 넘기는 듯했다. 실제 뜯어보니 종이 안에 있는 석고가 힘을 잃어 물처럼 흐물흐물하게 변한 것을 확인할 수 있었다.

'그린보드'로 통하면서 흔히 사용하는 방수석고보드는 방수가 되는 제품이 아니라는 셈이다. 일반 석고보드에 비해 물에 대한 저항성이 조금 있는 '내수보드'라고 봐야 정확하다. 이 방수석고보드는 물이 가끔 튀는 주방 벽체 부위에는 어느 정도 사용이 가능해 보인다. 그러나 우리나라 욕실문화의 습식 화장실에서는 몇 해 지나지 않아 그 물성을 잃어버린다는 점을 하자보수하면서 발견하게 되었다.

방수석고보드 보다는 시멘트보드가 효과적

필자 소견으로는 화장실만큼은 시멘트보드CRC보드를 사용하기를 권한다. 그리고 방수를 제대로 하려면 물이 튀는 부분의 높이까지가 아니라 천장까지 방수층을 형성해야 한다. 타일을 붙이다보면 타일과 타일 사이에 메지를 넣게 되는데, 이게 방수가 안 된다. 결국 타일 뒷면의 그린보드에 습기가 닿게 되고, 보드의 연결 부위 중 취약한 곳으로 습기가 들어가게 된다. 그렇게 습기가 지속적으로 쌓이다보면 석고가 물성을 잃게 되는 것이다.

▲ 아쿠아패널

물론 시멘트보드도 흡수율이 있다. 그러나 석고보드보다는 믿음감이 있다. 더욱더 방수하고 싶다면 벽체 천장에 습기 흡수율이 더 낮은 아쿠아패널을 사용하는 것도 좋다. 시중에 나와 있는 아쿠아패널은 내·외장용으로 구분된다.

▲ 화장실 벽체를 O.S.B합판으로 마감한 모습

패널로 화장실 내벽을 마감하기 전에 바탕에는 O.S.B합판을 사용하였다. 북미에서는 물을 많이 사용하는 곳에는 샤워부스가 있어 큰 문제가 없지만, 우리처럼 전체를 습식으로 사용하는 욕실에서는 O.S.B합판은 추천하고 싶지 않은 재료이다. 시공 경험이 조금이라도 있는 분들이라면 이 합판이 얼마나 습기에 취약한지 잘 알 것이다. 그래도 합판을 사용해야 한다면 내수합판을 적용해야 한다.

우리나라는 화장실에 각종 액세서리를 못이나 피스로 고정하고 심지어 수건장이나 거울까지 달기 때문에 뒷면에 합판이 있어야 제대로 고정이 된다. 한편 바닥은 물에 강한 고밀도 바닥합판인 어드반텍이나 레거시를 추천한다. 욕실 벽체 스터드는 16인치 간격으로 세워진다. 그 벽체에 내수합판으로 1차 마감, 2차는 시멘트보드나 아쿠아패널로 마감하고 방수 후 타일 작업을 하면 지금처럼 일반적인 방수석고보드의 피해로부터 많은 하자를 줄일 수 있을 것이다.

방수공사는 시공사마다 마감 스타일이 다르다. 어떻게 해서든 방수를 마치고 담수 테스트를 한 다음 누수가 없음을 확인하고 공정에 들어가야 할 것이다. 결론적으로 욕실에서는 습기에 약한 O.S.B합판과 방수석고보드의 사용을 지양하자는 말이다.

제6장

중목구조 시공 포인트

- 지진과 불가분 관계인 일본 중목구조
- 일본 중목구조 재래식공법
- 재래식공법의 간략한 시공과정
- 연결철물 활용한 철물공법 이해
- 철물접합 공법의 단계별 시공과정

지진과 불가분 관계인 일본 중목구조

일본은 매년 100만 동 이상 단독주택이 착공된다. 그중에 50만~60만 채가 목조주택으로 시공되는 나라이다. 그에 비해 우리나라는 1년에 짓는 목조주택 규모가 1만 채를 웃도는 정도에 불과하다. 가끔 국내 주택시공 회사들의 홈페이지를 들여다보면 일본 목구조주택 접합방식 중 전통공법을 제외하고 철물접합 방식만을 설명해 놓은 경우가 대부분이다. 아쉬운 점이라면 재래식공법과 철물공법을 모두 시공해 보고 그에 대한 객관적인 평가를 내렸으면 하는 바람이다. 일본에는 수만 개의 목조주택 회사들이 있다. 큰 회사의 경우 1년에 3만 채 이상을 짓는다. 필자도 일본에 가서 확인하고, 일본 전문 시공관계자를 국내로 초청하여 직접 시공하는 과정을 보고 익혀가면서 철물접합과 재래식 접합의 장점을 응용해 나가고 있다.

일본 건축사와의 교류를 통해서는 일본 목조주택의 변천사를 생생하게 들을 수 있었다. 일본에서 재래식공법과 철물공법이 가장 많이 거론되었던 게 1995년 1월에 발생한 고베 대지진 이후이다. 지진 피해로 인해 안전에 대한 관심이 고조되면서 주택 품질에 대한 법 규제가 더욱 강화되었다. 동시에 지진 피해가 적었던 프리패브주택 업체들은 광고를 이용하여 회사 홍보에 열을 올리는 시기였다. 일본에는 전국적으로 단독주택 사업을 전개하는 세키스이하우스, 다이와하우스, 스미토모임업 등 대형 주택 시공회사들이 존재한다. 이런 회사들이 고베 지진에서 자사가 시공한 주택 중에 거의 피해가 없고 멀쩡한 집들을 마케팅에 활용하기 시작했다. 처음에는 없는 이야기를 만들어내지는 않았으나, 시간이 지나면서 지방 군소업체들까지 마케팅 싸움에 뛰어들면서 내용이 변질되고 퇴색되었다. 그 과정에서 나온 공법에 대한 과대 홍보가 여과 없이 그대로 우리나라에 수입되기도 하였다. 어찌되었든 단지 공업화 주택이거나 대형 시공사의 주택, 특정 공법이 적용된 주택이라서 지진에 강하다는 보장을 할 수 없다는 결론이다.

고베 지진에 피해가 컸던 주택의 공통점

1995년에 발생한 고베 지진에서 피해가 컸던 건축물들의 공통점을 현재의 시점에서 요약하면 다음과 같다.(일본에서 수용되었던 상식적인 이유들)

- 1945년 이후 1981년 이전에 지어진 집들이 많았다.
- 기둥 사이에 사선으로 놓이는 보강재가 거의 없었다.
- 내진성능이 강화된 건축기준법이 개정된 해는 1981년의 일이었다. 1982년 이후 지어진 건축물 피해가 적었다는 통계가 있다. 이 통계 이면에는 일본이 패전국이 된 후 1964년 동경올림픽 때까지 '부흥의 시대'적 상황이 들어 있다. 그 시절 대부분의 목조주택들은 시대의 배경과 요구 속에서 지어졌다. 조금이라도 빨리, 조금이라도 많이, 사람들이 편하게 누울 수 있는 집들이 지어지는 게 목표였다. 그러다 보니 이 시대에 지어진 집들은 상대적으로 구조적인 안정성을 확보한 집들이 많이 적었던 것이다.
- 흙으로 고정하는 일본기와를 사용한 집이 많았다. 역사적으로 고베는 지진이 많이 발생한 지역이 아니었다. 상대적으로 지진보다는 태풍 대비에 중점을 둔 목조주택들이 많았다. 그래서 태풍의 풍압에도 지붕이 날아가지 않게 흙을 바른 다음 기와를 올린 집이 많았다. 그런데 결국 고베 지진 때 피해를 크게 했던 원인이 되었다. 기와가 지붕에서 많이 떨어지면서 지진의 운동 에너지를 감쇄시켜야 했는데 그러지 못했다. 그런 주택에서 사상자가 많이 발생했기 때문에 현재 코베 지역의 신축 주택에서는 기와지붕 주택을 거의 찾아볼 수가 없다. 그러나 실제 피해 원인의 핵심은 '구조적으로 문제가 있는 집들 중에 기와지붕의 집이 많았다'라는 이유임에도 불구하고 지금까지도 많은 사람들은 무거운 기와를 피해 원인으로 지목하고 있다. 이는 지난 2016년 9월 우리나라 경주에서 발생했던 지진의 피해에서 무거운 기와를 지목했던 상황과 유사하다.

일본 중목구조 재래식공법

몇 해 전, 건축박람회에서 만났던 일본 중목구조 회사 대표의 초청으로 일본을 방문하였다. 그 해 우리나라에서는 아파트 50만 세대가 착공된 반면 일본에서는 단독주택 60만 채가 지어졌다. 일본 각 현마다 주택 전시장이 마련되어 있었고, 많은 시공사들이 경쟁관계 속에서 살아남기 위한 다양한 연구가 진행되었다. 우리와는 판이하게 다른 주택시장 구조가 형성되어 있었다. 개중에는 전통적인 접합방식을 고수하는 시공회사도 있고, 이음 및 맞춤 철물을 효과적으로 활용해 조립하는 회사들도 있었다. 각각 전통공법과 상대적인 연결철물의 우수성을 부각하는 데 열심이었다.

메뚜기장 이음과 주먹장 이음

필자는 양쪽 모두를 경험하고 시공하면서 느꼈던 각각의 특성을 짚어보고자 한다. 우선 전통방식의 중목구조는 구조재인 기둥이나 가로부재보 및 토대를 짜 맞추는 방식이다. 서로 결구되는 접합부를 가공하여 각 부재에 홈을 파서 '이음'과 '맞춤'으로 구조재끼리 결구하는 것이 전통공법의 핵심이다. 이음이란 토대와 토대, 보와 보처럼 구조재를 같은 방향으

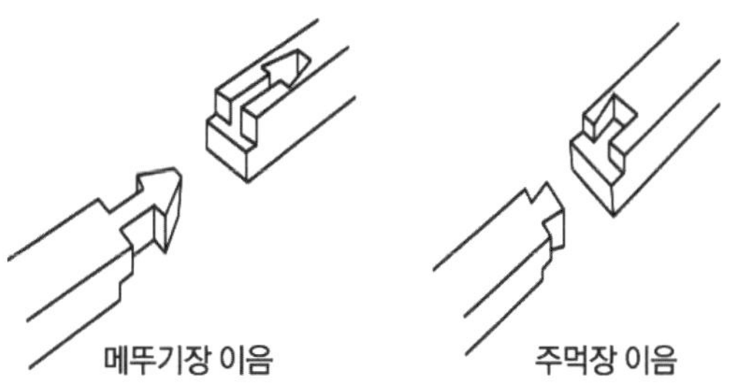

로 이어서 길이를 길게 연장하는 접합방법이다. 이음의 종류에는 메뚜기장 이음과 주먹장 이음이 있다.

토대나 보의 길이 방향으로 이을 때 사용한다. 암수 홈 가공이 있는데 수가공이 암가공을 위에서 누르면서 결구된다. 토대 앵커볼트는 수가공으로 설치한다.

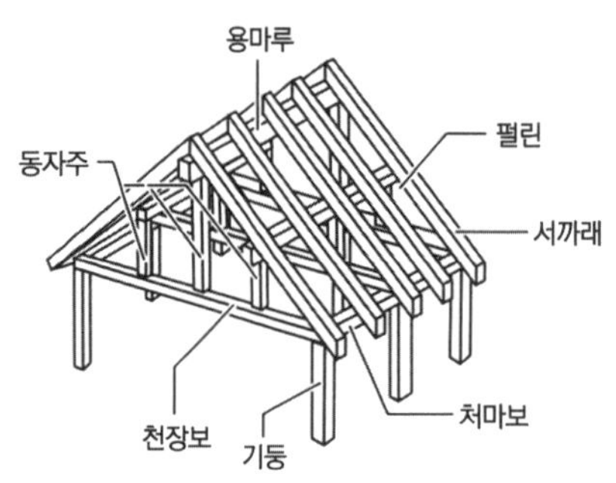

주먹장 이음 형태로 용마루보와 평행하게 서까래를 받치는 펄린Purlin; 도리들보과 토대를 길이 방향으로 이을 때 사용한다. 펄린은 가장 높은 곳에 위치하는 용마루보와 벽체 바로 위 처마보 사이에 위치한다.

장부 맞춤과 주먹장 맞춤

맞춤이란 기둥과 가로부재, 직교하는 보와 보 등 방향이 다른 부재를 잇기 위한 접합방식이다. 맞춤에는 장부 맞춤과 주먹장 맞춤이 있다.

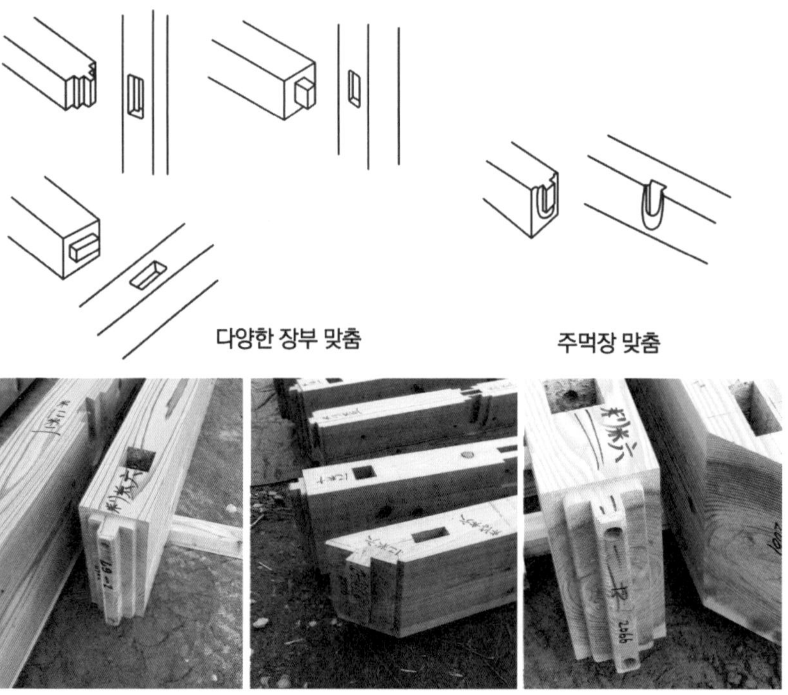

다양한 장부 맞춤　　주먹장 맞춤

다양한 장부 맞춤을 보여주고 있다. 기둥이 서 있을 때 직각 방향으로 보, 토대, 펄린 등을 접합한다.

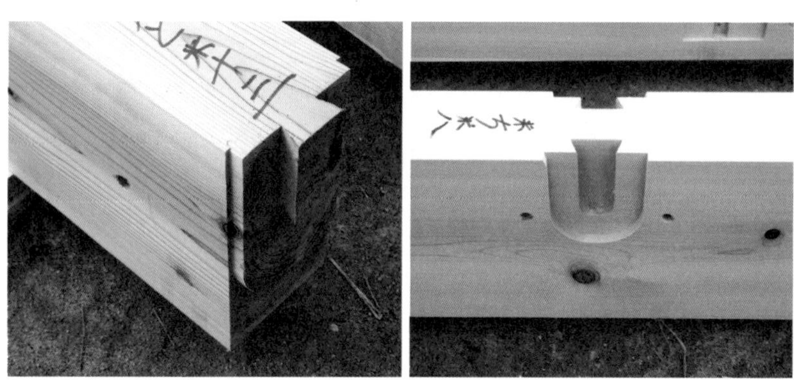

주먹장 맞춤은 보와 보, 토대와 토대, 펄린과 펄린을 접합하는 맞춤이다. 단면 형태가 원형이다.

앞에서 살펴본 바와 같이 전통공법은 이음과 접합을 적재적소에 사용하여 구조물을 만든다. 전통방식에 따른 이음과 맞춤을 위해 목재에 홈을 파야 하므로 단면이 작아지는데, 이를 '단면결손'이라고 한다. 단면결손 부위가 취약하다는 점은 시공을 직접 하면서 느꼈던 사항이다. 그래서 결손 부위를 보강해주는 철물을 별도로 사용해 접합부의 움직임을 방지하는 방식도 사용되고 있다.

앞 페이지 하단 사진의 철물은 '하고이타 볼트'라고 부르는데, 직각으로 만나는 보와 보를 결합할 때 쓰인다. 보 측면에 구멍을 뚫어 볼트를 연결하므로 목재를 드러내는 구조에서는 철물이 보이게 된다.

과거에는 목재의 이음이나 맞춤만으로 결구를 했다. 고베 대지진1995년으로 막대한 피해를 보면서 일본 건축기준법이 개정되었고, 연쇄적으로 시공법에도 영향을 미쳤다. 그래서 2000년 이후로는 정통 방식에도 연결철물 사용이 의무화되었다. 우리나라 목구조주택 역시도 각종 철물보강에 대한 검토가 필요하다고 생각한다.

재래식공법의 간략한 시공과정

북미식 경량목구조도 마찬가지지만 토대를 설치하기 전에는 레이저 레벨기로 수평이 맞는지 확인해야 한다. 만약 오차가 있다면 무수축 몰탈로 레벨을 맞추는 작업을 다시 해야 한다. 기초공사 중 가장 중요한 게 수평작업이다. 또한 콘크리트는 수분을 흡수하는 성질이 있어서 외벽 방수를 미리 해두는 게 좋다.

STEP 01 | 우리나라는 난방배관을 하므로 거의 현장에서 매트온통기초를 주로 적용하지만 일본은 줄기초가 일반적이다. 위 현장은 건식공법이라 바닥에 동자주를 세우고 멍에 작업 후 마감을 하는 방식이다. 토대를 설치할 때도 프리컷 도면이 있어서 도면대로 시공해야 한다. 기둥 자리는 토대에 홈이 파여 있다.

STEP 02 | 기둥재를 모두 세운 다음 기둥과 기둥은 보로 연결된다. 2층 바닥장선 작업도 철물을 사용하지 않고 이음과 맞춤으로 서로 결구한다.

STEP 03 | 합판 두께가 28㎜에 달해 무게감이 제법 있다. 우리나라에도 이런 두께를 가진 합판이 생산되기를 기대해본다. 2층 기둥을 세우고 기둥과 기둥 사이에 보를 조립하여 2층을 완료한다.

STEP 04 | 우리나라의 여러 중목구조 시공 현장을 돌아다녀 봤지만 늘 곁눈질로만 보다 보니 한계점이 있었다. 이를 제대로 알고 싶어 일본의

빌더를 초빙해 배워가면서 시공한 현장이다.

간혹 국내 중목구조 시공사의 홈페이지를 보다 보면 재래식공법에 대한 문제점을 제기하는 경우를 종종 보게 된다. 과연 이런 전통공법의 현장을 직접 보고 하는 말인지 의구심이 들 때가 있다. 고베 대지진 이후에도 전통공법은 철물을 보강하는 방식으로 계속 진화하고 발전되고 있는 만큼 선택은 소비자의 몫이다.

연결철물 활용한 철물공법 이해

일본 중목구조 철물공법은 말 그대로 접합부에 각종 철물을 사용하여 구조체를 완성하는 공법이다. 철물공법 회사들이 마케팅에 가장 많이 강조하는 부분이 기존 재래공법에 생기는 단면결손에 대한 문제이다. 즉, 관통 구멍이나 볼트 구멍에 의해 부재의 단면에 생기는 결손이라는 단점을 부각한 것이다. 이를 줄이기 위한 가장 효과적인 방법이 목재를 연결철물로 결합하는 철물공법이라는 것이다.

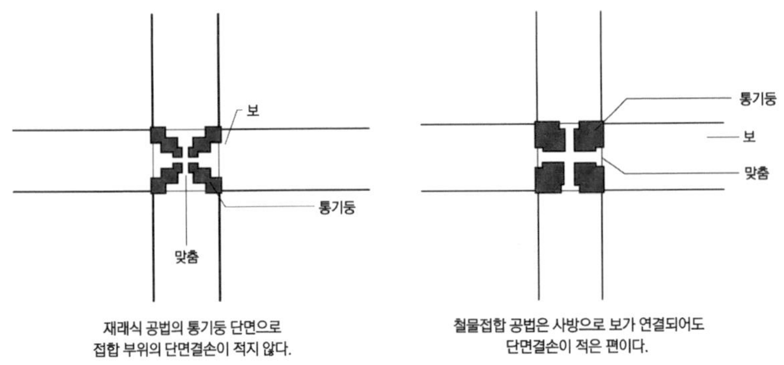

재래식 공법의 통기둥 단면으로 접합 부위의 단면결손이 적지 않다.

철물접합 공법은 사방으로 보가 연결되어도 단면결손이 적은 편이다.

전통공법에서는 홈을 파서 4방향으로 보를 결구하면 통기둥의 단면적이 작아진다는 사실을 알 수 있다. 반면 철물공법에서는 4방향으로 보가 연결되어도 단면손실이 크지 않다. 철물공법은 한쪽 구조재에 부착된 연결철물에 다른 한쪽의 구조재를 짜 맞추고 드리프트핀을 박아 고정시킨다.

이를 흔히 '드리프트핀 공법'이라고 한다. 단면 결손율을 최대한 줄일 수 있는 게 특징으로, 통기둥에 장부 맞춤이 4방향에서 결구되더라도 결손율이 10~25% 정도에 그친다.

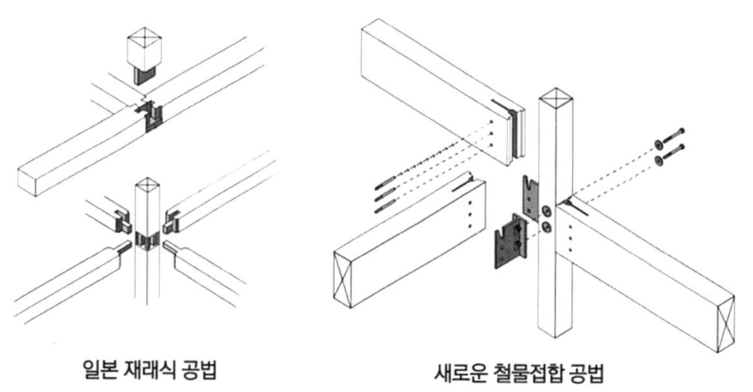

▲ 철물접합 공법에서는 기둥에 미리 부착된 철물과 드리프트핀을 이용해 기둥과 접합시킨다. 접합부의 단면적은 재래공법보다 현저히 낮고 단면 결손으로 기둥이 좌굴되는 위험도 줄일 수 있다.

재래공법과 철물공법 두 가지 공법을 모두 시공해본 결과 철물공법의 두드러진 장점은 공기 단축이다. 철물이 미리 부착되어 현장에 반입되기 때문에 작업이 간단해 공사 기간 단축에 유리하다. 또 작업자가 작업하기에도 수월하다. 40평 기준으로 전통공법보다 1~2일 정도 공기를 줄일 수 있다. 사실 조립 시간은 비슷한데 재래공법에서 추가로 보조 철물을 부착하는 게 시간을 제법 잡아먹는다.

전통공법과 철물공법의 장단점

우리나라 중목구조 철물공법에서는 대부분 집성재를 사용한다. 집성재는 판재 및 소각재小角材 등을 섬유 방향으로 서로 평행하게 접착시켜 만든 접착 가공목재를 말한다. 제재 목공 후의 잔재를 집성 가공하여 목재로 재활용할 수 있고 뒤틀림이나 갈라짐 등 목재 특유의 결점을 분산하여 결점이 적은 목재 생산이 가능하다. 철물공법은 각종 철물이 받을 수 있는 내력 계산이 되어 있어서 힘에 대한 저항능력을 수치화할 수 있다는 장점도 있다. 반면 시공비는 철물공법이 집성재 등 공학용 목재를 주로 사용하므로 재래공법에 사용되는 건조재보다 목재 비용이 높다. 또한 접합철물 비용 역시 높은 단점이 있다. 전통공법은 철물공법에서 사용되는 집성재나 공학목재의 비용보다는 목재 가격이 낮다. 보조철물 사용에 그치기 때문에 철물비도 낮지만, 가공되는 접합부가 철물공법보다 복잡하기 때문에 프리컷 가공비가 만만치 않다. 실제 시공해 보면 전통공법이 다소 시공비가 높다.

중목구조의 전통공법과 철물공법은 각각 특징이 상존하다보니 어느 쪽이 우월하다고 판가름하기 어렵다. 전통공법은 주로 원목을 사용하기 때문에 내부 인테리어에 원목을 노출하는 콘셉트일 때 유리하다. 반면 내진 성능에 방점을 둔다면 확실한 구조계산에 의한 철물공법이 추천할 만하다. 역시나 선택은 소비자 몫이다.

철물접합 공법의 단계별 시공과정

예로 들게 될 국내 현장의 철물공법은 기둥 및 보에 철물을 연결하여 들여왔다. 프리컷 도면에 따라 일본에서부터 철물이 장착되어 국내로 들어와 접합 부분에 드리프트핀만 연결하여 고정하면 되기 때문에 시공이 편리하다. 다만, 그만큼 부피가 커지기 때문에 부산에서 2차 가공할 경우보다 30% 이상 물류비가 늘어났다. 우리나라에도 숙련도가 높은 우수한 조립공이 있다면 철물과 목재를 따로 구분하여 들여오는 방법도 있겠지만, 여의치 않다보니 철물을 조립해 들여올 수밖에 없었다.

STEP 01 | 온통기초는 아무리 수평을 잘 맞춰도 양생 후 레이저 레벨기로 측정해보면 높낮이 차이가 발생하기 마련이다. 내부 옹벽을 따라 각재30*30㎜를 양옆에 대고 무수축 몰탈로 한 번 더 수평을 조정하였다. 각각의 목재마다 프리컷 도면과 함께 기호들이 명기되어 있어 그대로 토대

를 놓는다. 앵커는 스테인리스 앵커를 사용했는데, 일반 앵커보다 장점이 많다. 한편, 토대는 흰개미 피해나 부식 열화가 발생하기 쉽기 때문에 약재를 주입해 방부, 방충 처리를 해줘야 한다.

STEP 02 | 한쪽 구조재에 부착된 연결철물에 다른 쪽의 구조재를 짜 맞추고 드리프트핀을 박아 고정하는 방식이라 '드리프트핀Driftpin' 공법이라고 불린다. 기둥 세우는데 세 사람이 반나절이면 된다. 다음으로 기둥과 기둥 사이에 보가 조립된다.

STEP 03 | 기둥에 각종 철물이 사전에 접합되어 현장에 들여왔는데, 사이즈가 큰 보는 큰 접합철물에 조립되고 작은 보는 작은 접합철물에 조립된다. 구조계산에 의한 전단력 계산을 고려한 결과이다.

STEP 04 | 보 연결 작업은 크레인을 이용한다. 철골작업 시 통상 H-BEAM를 들어 올릴 때 수평 행클램프라는 빔 집게를 사용한다. 일본에서는 중목구조체 자재를 들어 올리는 클램프를 전용으로 사용하고 있다. 보를 기둥에 조립할 때 반드시 필요한 기기이다.

일본에서 짜여 온 공장제작도면, 즉 프리컷 도면에 의해 보가 조립된다. 국내에서 계획된 평면도와 단면도를 일본 공장으로 보내면 프리컷용 CAD 프로그램을 통해 구조의 합리성 여부를 자동으로 판단할 수 있다. 보의 처짐량이 너무 많은지, 철물끼리 간섭은 없는지, 내력벽이 균형 있게 배치되었는지 등을 자동으로 판단한다. 이를 바탕으로 수정안도 제안해준다. 이런 과정들이 합리적으로 합치되었을 때 공장에서는 드디어 가공에 들어간다.

주문 생산으로 국내 규격화 적용 가능해

일본 프리컷 공장에 사전에 16″ 간격으로 홈을 파달라고 요청하였다. 벽체 스터드가 세워질 자리인데, 국내에서는 단열재를 대부분 북미 규격을 사용하다 보니 16″ 또는 24″ 간격용이 대부분이다.

일본에서도 아주 많은 단독주택이 지어지기 때문에 모든 자재가 표준 규격화되어 있다. 통상 자尺 개념으로 모듈화되어 있는데, 1자는 303㎜, 3자는 910㎜이다. 쉽게 얘기해서 기둥과 기둥 사이 간격이 910㎜이고 더 큰 기둥 사이는 1,820㎜이다. 사정이 이렇다 보니 우리나라 단열규격과 맞지 않아 처음에는 큰 손실이 발생하였다.

차츰 응용력이 생기면서 미리 1,220×2,440㎜ 규격으로 맞춰 달라고 주문하게 되었다. 단열재도 벽체는 16″ 간격으로 홈을 파고, 지붕은 징크류의 경우 24″ 간격으로 홈을 파도록 요청했다. 대개 홈 깊이는 5㎜ 안팎이다.

다양한 주택들을 시공하면서 일본 중목구조가 인상적인 이유 중에 하나는 현장 주위에 쓰레기가 없다는 점이다. 북미 경량목구조 주택의 경우 목자재를 자르다 보면 잔여물은 모두 폐기된다. 반면 일본 목구조는 도면에 따라 가공된 목재를 사용하기 때문에 버릴 게 없다. 그리고 제대로 시공한다면 그야말로 100년 주택으로 손색이 없다. 다만, 일본뿐만 아니라 나라마다 열관류율이 다르고 단열재 성능도 차이가 난다. 심지어 창호의 열관류율도 다르다. 이런 차이점들을 잘 검토하여 우리 실정과 상황에 맞는 아름답고 기능적인 주택들이 널리 지어지길 바란다.

제7장

철근 콘크리트 시공 포인트

- 철근콘크리트[Reinforced Concrete] 특징과 현황
- 주택건축과 철근콘트리트의 상관관계
- 공정상 특징과 실내 환경성
- 공사 기간과 비용을 좌우하는 거푸집
- 전원주택 철근 배근에 대하여
- 현장에 인입된 철근 제대로 파악하는 법
- 레미콘[Ready-mixed concrete]에 대하여
- 까다로운 공정, 노출콘크리트 시공

철근콘크리트 [Reinforced Concrete] 특징과 현황

철근콘크리트는 콘크리트 내에 철근을 넣어 콘크리트의 재료적인 단점을 보완한 자재이다. 두 가지 재료를 함께 사용하기 때문에 각각의 장점은 살리면서 단점은 보완하는 상호보완적 특성을 보인다. 철근 외 철골 H형강 등 등을 콘크리트에 파묻은 자재는 '복합자재'이다. 특히 보 Beam, 대들보와 같은 보로 쓸 때는 복합 보 Composite Beam라고 한다. 이와 반대로 철재강관 안에 콘크리트를 채워서 사용하는 CFT Concrete Filled Tube는 주로 기둥에 사용한다.

▲ 철근콘크리트로 완공된 주택

둘을 섞어 쓴다는 게 뭐가 특별한 것인가 싶겠지만, 알고 보면 철근과 콘크리트의 열팽창계수가 우연히도 거의 같다는 기가 막힌 사실 때문에 가능한 일이다. [콘크리트 : 7~13*10^-5 , 철근 : 12*10^-5]

근대건축에서 철근콘크리트의 비중을 생각해보면 그 등장은 축복에 가깝다. 철근은 외부 공기와 수분 유입에 부식되기 마련이지만, 알칼리성인 콘크리트가 수분을 잔뜩 머금고 있더라도 철근의 부식을 예방하여 70~100년 정도의 수명을 유지하게 된다.
영어로는 'Reinforced Concrete'R/C구조라고 말하는데, 여기서 철근을 Reinforcement, Reinforcement bar 혹은 Re-bar라고 칭한다. 직역하면 보강된 콘크리트지만 의미상으로는 철근콘크리트라 부르는 것이 맞다.

인장, 압축 내구성과 내진성 높아

콘크리트를 철근으로 보강하여 철근콘크리트를 만들면, 압축에 매우 잘 견디는 콘크리트의 약점인 인장에 대한 저항을 보강할 수 있다. 또한 철근의 약점인 횡 방향 힘에 대한 저항은 철근을 둘러싼 콘크리트를 통해 보완할 수 있다. 이러한 이유로 인장과 압축에 둘 다 강하다. 또한 횡 방향 외력에도 우수한 건축자재가 만들어진다.

철근을 구성하는 철 성분의 산화로 인한 강도 저하를 강한 염기성인 콘크리트가 보완해주고 공기와의 접촉을 차단하여 장기간 강도 유지가 가능하다. 더구나 철근과 콘크리트의 열에 의한 팽창률이 거의 같기 때문에 뜨거운 여름이나 겨울에 철근과 콘크리트가 서로 다른 열팽창률에 의해 분리되고 내부부터 붕괴되는 대참사가 벌어지지 않는 것이다. 그리고 철재만 사용해 건축할 때 생기는 단점인 비싼 비용이나 지나치게 높은 열전도율 등의 문제도 콘크리트가 상쇄시켜 준다. 고베 대지진과 같은 천재지변 사건 당시, 아파트와 같은 고층 건물을 제외한 비교적 층수가 낮은 철근콘크리트 건물은 꽤 많은 수가 원형을 보존하여 별다른 피해 없이 보존되었을 만큼 높은 내진 성능도 갖추고 있다.

주택건축과 철근콘트리트의 상관관계

철근은 물론 콘크리트도 열차단율이 그리 높지 않다. 외부 공기가 차가우면 똑같이 차가워지고, 더워지면 함께 뜨거워진다. 철의 열전도율은 금속계의 동보다는 낮지만, 건축자재 중에서는 그래도 높은 편에 속한다. 뜨거운 음식을 조리할 때 금속젓가락보다 나무젓가락을 사용하는 게 나은 상황을 생각하면 이해가 쉽다.

철근콘크리트는 복합재료이기 때문에 열전도율은 2.3~2.5로 그렇게 크게 높지 않다. 그러나 목재가 0.14~0.16인 것과 비교해 보면 상대적으로는 높은 편이다. 따라서 철근콘크리트 골조가 목조건축 골조에 비해 외부온도에 대한 반응이 더 높다.

문제는 목조주택과 단열성능을 비슷하게 내기 위해서는 철근콘크리트 내외부로 단열재를 추가로 시공해야 한다는 점이다. 결과적으로 건물 벽체 두께가 훨씬 두꺼워져 상대적으로 공간 활용도가 떨어진다. 단열성능을 위해 충분히 단열재를 시공한 건축물이 아닐 경우 목조건축과 비교해 볼 때 여름에 더 덥고, 겨울에 더 추울 수밖에 없다.

물론 단열재를 충분히 시공한다면 해결 가능한 문제다. 다만, 열전도율만을 고려했을 때 문제이고 건축 설비 분야에서는 전도와 복사를 모두 고려한 열관류율 개념을 사용한다. 단순하게 콘크리트의 재료 특성만 고려하는 게 아니라 건축물의 방향에 따른 일사량과 단열재, 중공층을 모두 감안해 평가해야 합리적이다. 부피와 더불어 콘크리트의 비열이나 콘크리트 구조의 누기가 목조보다 현저하게 적다는 것을 고려한다면, 내부 냉난방 시에는 목조보다 쾌적한 환경을 장시간 유지할 수 있다. 이는 재료적인 문제가 아니라 단열재의 구성 방법, 개구부 크기나 위치 등 설계과정에서 해결해야 할 대상이다. 실제로는 단열재뿐만 아니라 외부 침습 습기를 막기 위한 방습막과 최고의 단열재인 공기를 이용한 중공층 등 여러 가지 방안을 모두 고려해 해결할 수 있다.

습기와 결로의 원인은?

현재 아파트를 비롯한 철근콘크리트 주택에 거주 중인 많은 거주자가 불만을 토로하는 부분이 '습기와 결로'이다. 콘크리트는 애초에 주요 배합 재료 중 하나가 물인 만큼, 자체적으로 수분을 머금는다. 또 양생 및 건조 과정에서 많은 수분이 수화작용으로 사용되고 남은 물이 증발한다. 일반인들은 바로 이런 수분이 하자의 원인이라 생각하기 쉽다. 하지만 표면으로 나오는 수분은 타설하고 양생 후 초기에 용출되는 레이턴스Laitance; 굳지 않은 콘크리트나 시멘트 혼합물의 표면에 생기는 얇은 막로 입주 시기에는 생기지 않는다.

실제 주거에서 문제가 되는 수분은 구조체와 실내온도 차에 따른 수분의 표면 결로이다. 주거 시 벽지에 곰팡이 등 하자를 일으키는데 백이면 백, 원인은 단열재의 시공 불량이다.

집을 구할 때는 반드시 벽을 손으로 만져보고 외부 기온과 어느 정도 차이가 나는지, 창문 등 개구부 틈으로 누기는 없는지 등을 꼼꼼하게 살펴야 한다. 주로 시공상 어려움으로 개구부 주위와 벽 모서리나 벽과 천장이 만나는 모서리에 단열재 시공이 불량한 경우가 상당하다. 특히 단시간에 지어 올린 원룸이나 빌라는 말할 것도 없고, 아파트도 이러한 경우가 적지 않다. 이는 냉난방 효율에도 영향을 미쳐서 높은 냉난방비를 부담하는 이중고를 겪게 되므로 반드시 확인이 필요하다.

공정상 특징과 실내 환경성

철근콘크리트 건축물의 단점 중 하나는 시공절차가 복잡하고 시공기간이 길다는 특성이다. 일반적으로 철근 작업과 콘크리트 작업을 병행해서 진행하기 때문이다. 즉, 철근 작업을 한 뒤 콘크리트 타설을 위해 손이 많이 가는 거푸집 작업을 해주어야 한다. 토목작업을 제외하고 철근콘크리트 건축물의 건축과정을 크게 분류하자면,

- 주택구조에 맞게 철근을 배치하고 설치와 결속한 후,
- 건축물 크기와 구조에 맞게 거푸집유로폼 작업을 해주고,
- 철근 작업과 거푸집 작업이 완료된 틀에 콘크리트를 부설해주고,
- 적정시간 경과 후 부설된 거푸집을 전부 해체하고 건물 내부를 정리한다.

위 4단계 공정 중 어느 하나도 빠짐없이 시간과 인력 소모를 필요로 하기 때문에 인건비 지출이 큰 편이다. 철근만 해도 철근을 재단하는 사람, 나르는 사람, 결속선으로 배치된 철근을 묶는 사람, 연결이 취약한 부위를 전기 용접하는 사람 등 상황별로 나누어 인력이 필요하다. 더구나 건물 크기에 따라 철근의 투여 숫자도 달라지겠지만, 일반적으로 10~20㎝ 간격으로 엄청나게 많은 철근을 배치하고, 결속하고, 연결하는 일이 지루하게 반복된다.

콘크리트 부설 거푸집 제작을 극단적으로 나르는 사람과 설치하는 사람으로만 나눈다고 하자. 큰 면적을 이루기 위해 설치되어야 하는 거푸집의 수가 매우 많다는 점을 감안하면, 나르는 것만 해도 중노동이 따로 없다. 게다가 규격화된 유로폼 거푸집으로는 지붕이나, 계단, 곡선 등의 구조물을 이룰 수 없고, 그 부분은 현장의 기술자가 직접 이루고자 하는 형태의 거푸집을 수제작하여 설치해야만 한다. 이후 유로폼을 조립한 뒤에 콘크리트 부설을 견디기 위한 동바리를 받쳐주고 안전지지대를 별도로 설치한다. 양생이 안 된 콘크리트 무게로 인해 거푸집이 벌어지거나 무너지는 것을 방지하기 위함이다.

콘크리트 부설과 양생이 끝나는 단계에서는 설치된 이 모든 것을 전부 해체한 뒤, 정리하고 청소하여 원래대로 돌려놓아야 한다. 이 과정에서는 상대적으로 비숙련공들이 동원되지만, 거푸집 해체와 거푸집을 결속하는 폼핀이나 결속에 사용된 철근 등을 정리하는 데에도 꽤 많은 시간이 소요된다.

콘크리트를 타설하거나 배합하는 일은 자동화 공정이 가능하여 능률적이지만, 나머지 공정은 전부 인력을 총동원하여 수작업이 진행된다고 해도 과언이 아니다. 전반적으로 건축 공기가 일반적인 경량목구조에 비해 길고 투입되는 전문 인력의 수도 많다.

철근콘크리트는 강도에 비해 자중이 크다는 단점이 있다. 5~6층 이상의 건물은 기초와 1, 2층은 철근콘크리트로, 그 이상은 경제성 문제로 철골로 구조를 하는 경우가 많다. 그러나 자중이 크다고 단점만 있는 것은 아니다. 그 만큼 진동과 소음이 적게 일어나 사용성이 좋다. 다만, 콘크리트 재료로 들어가는 골재의 염분 함유 정도가 중요하다. 염분으로 인한 철근의 부식이 문제가 되기 때문이다. 역설적으로 염분을 첨가하면 콘크리트는 더 빨리 굳는다. 혼화제 중 하나인 경화제의 원리이고 시공 시 유의할 사항이기도 하다. 법정기준으로는 골재를 세척하여 염도 0.04% 이하로 맞추어야 한다.

새집증후군과는 별개의 문제

철근 콘크리트로 만든 집이 새집증후군이 많다는 오해가 많은데 철근콘크리트로 인한 문제가 아니라, 집 벽이나 여러 인테리어 과정에 쓰인 재료나 접착제에서 나오는 포름알데히드가 더 큰 원인일 수 있다.

시멘트는 물과 섞이면서 수화생성물로 수산화칼슘을 생성하는데, 이는 강알칼리성을 띤다. 피부에 묻으면 땀과 섞일 경우 당연히 해롭다. PH 11~12 수준의 알칼리성 물질이 피부에 달라붙으면 단백질을 용해하고, 시멘트 분말이 안구에 들어갈 경우 피해를 줄 수 있다. 분말 형태의 시멘트는 풀풀 날리기 일쑤이며, 이 날린 가루가 땀에 젖어 있는 작업자의 몸에 달라붙으면 좋지 못하다. 그러나 이는 새집증후군과는 별개의 문제다. 이처럼 콘크리트 시공 시에는 당연하게도 시멘트 분말이 날리고 거기에 첨가된 혼화재, 실리카 퓸 역시 배합 시 비산할 수 있다. 다만, 이는 어디까지나 시공상 문제지 양생 후 문제가 아니다. 경화된 콘크리트에서 배합 시 들어간 화학물질이 균열이나 파괴 등 특별한 사유 없이 마감 처리된 실내로 흘러나온다는 것은 재료적 특성상 있을 수 없는 일이라고 생각한다.

공사 기간과 비용을 좌우하는 거푸집

거푸집은 콘크리트 구조물을 일정한 형태나 크기로 만들기 위하여 굳지 않은 콘크리트를 부어 넣어 원하는 강도에 도달할 때까지 양생하고 지지하는 가설 구조물로 형틀이라고도 한다. 콘크리트, 철근과 더불어 토목 및 건축 공사에서 매우 중요한 요소이며, 가설재를 지탱하는 동바리까지 포함하여 일컫는 말로 쓰인다.

거푸집은 철근콘크리트공사 중 시공기간을 결정짓는 가장 중요한 공정이라 할 만하다. 보통 구조를 이루는 공사비용의 30~40%를 차지하고 전체 공사비로 놓고 보면 10% 정도 해당한다. 거푸집은 보통 굳지 않은 콘크리트에 접하는 막음널과 이것을 지지하는 버팀보, 띠장, 긴결재 등으로 구성된다. 콘크리트를 관통하는 철선이나 볼트, 폼타이 등을 쓰기도 한다. 막음널에는 미리 박리제를 발라두어 굳은 후 떼어내기 쉽게 하는 경우가 많다. 동바리와 함께 콘크리트 하중을 지탱하며 굳지 않은 콘크리트의 압력이나 진동기, 타설시 충격 등으로 거푸집이 변형되어 콘크리트가 균열되지 않도록 튼튼하게 만들어야 한다. 거푸집 긴결 철물 부족, 동바리 불량에 따른 부등침하, 콘크리트 측압에 따른 거푸집 변형 및 콘크리트 균열 등 주의를 요구한다.

단독주택의 대표적인 거푸집, 유로폼

▲ [좌로부터] 갱폼 / 알루미늄폼 / 유로폼

갱폼 | 주로 아파트에서 많이 사용하는 폼이다. 철로 되어 있어서 전용 횟수가 좋다.

알폼(알루미늄폼) | 고층에서 사용되며 다른 재료보다 가벼워 시공성이 우수하다. 우리나라 주상복합건물에서 주로 사용한다.

유로폼(Euro Form) | 단독주택에서는 거의 이 폼을 사용한다. 유로폼을 가장 많이 사용하는 이유는 어느 지방이든 자재 임대업체가 있는데, 임대 자재의 대부분이 유로폼이다. 임대비가 다른 알루미늄이나 스틸폼보다 저렴하고, 형틀공이면 누구나 시공 경험이 있기 때문에 유로폼이 주로 사용된다. 규격 중 가장 큰 사이즈는 600*1200중량 : 19kg이고 500*1200, 450*1200, 400*1200, 300*1200, 200*1200㎜이 주로 쓰인다. 철근을 세우고 그 둘레로 형틀을 부치고, 콘크리트 타설 후 경화가 되면 거푸집을 해체하면서 구조물이 완성된다.

전원주택 철근 배근에 대하여

기초 시공은 아무리 강조해도 지나치지 않는다. 그만큼 중요한 공정이다. 기초가 잘못된 채 건물을 세운다면 다소 과장을 더해 건물을 헐어내고 다시 지어야 할 정도이다. 그래서 어느 현장이든 기초를 제대로 시공하고 나면 뭔가 홀가분하고 반은 마친 느낌이 든다. 철근콘크리트 주택의 기초 공정 순서를 짚어보면 다음과 같다.

① 외부 규준틀 메기
② 터파기
③ 잡석깔기
④ 비닐치기
⑤ 버림콘크리트치기
⑥ 철근 조립(외부지중보 설치 다음 슬래브 철근 조립)
⑦ 콘크리트 타설

어느 현장이든 첫 삽질에 들어가기 전 경계측량을 우선으로 한다. 시공관리자는 도면 배치도와 실제 경계말뚝대개 빨간색 말뚝 거리가 일치하는지 체크하여야 한다. 지방으로 내려갈수록 오차가 많다. 심하게는 기초를 10~20㎝ 옮긴다든가 하는 일들이 종종 발생한다. 규준틀은 경계라인에서 출발한다. 규준틀은 각 열의 기준이 되기 때문에 한 번 설치해 놓으면 절대 바뀌지 않고 바뀌서도 안 된다.

위 사진에서는 철근을 양쪽에 세워서 규준틀을 설치했지만 공사 규모가 큰 곳은 움직이지 않도록 바닥에 콘크리트 타설까지 해서 기준점을 각 열에 만들어 두기도 한다.

규준틀 설치가 끝나면 그 라인에 마킹을 하고 본격적으로 터파기에 들어간다. 터파기 시 미리 잡석과 비닐을 준비한다. 앞에서 강조한 바와 같이 자갈과 비닐은 지중에 있는 수분이 기초를 통해서 위로 올라오는 것을 막는 역할을 한다. 자갈은 모세관 현상을, 비닐은 라돈이나 습기 확산을 차단한다.
필자가 진행하는 현장은 어디든지 비닐치기와 잡석 다짐, 그리고 외벽방수를 3종 세트처럼 해왔다. 한마디로 콘크리트는 습기를 빨아들이는 특성이 강하므로 애초부터 그 방지대책을 적용해야 한다.

철근 피복 두께, 이음 및 정착 길이 중요

철근을 가공할 때는 꼭 관리자가 접는 방식에 대해 지시해야 한다. 철근공들의 실력은 엇비슷하다. 그냥 놔두면 늘 하던 대로 한다. 문제는 그 방식이 맞을 수도, 아주 틀릴 수도 있다는 게 문제다. 관리자는 최소한 철근콘크리트 구조의 일반사항을 숙지하고 철근의 피복 두께, 이음 및 정착 길이에 대해 정확하게 알고 지시해야 한다.

철근 피복두께 [현장치기 콘크리트]

구조도면을 보면 거의 철근의 피복 두께와 이음, 정착에 대한 철근콘크리트 구조 일반사항들이 맨 앞에 표로 만들어져 있다.

허용응력설계법에서는 이음 및 정착이 동일하게 인장은 40d, 압축은 25d를 적용하였다.d는 철근의 공칭지름 극한강도설계법에서는 이 값을 기준으로 연구해서 보정하여 몇 가지를 첨가하였다고 보면 된다. 표를 자세히 보면 철근의 강도가 높으면 더 길게 이음 정착하고, 콘크리트 강도가 높으면 짧게 이음 정착한다.

콘크리트 강도가 높으면 잡아주는 힘이 그만큼 더 강해지므로 짧은 길이로 정착이 가능하다는 말이다. 아무튼 철근 조립 시 일일이 이 표를 암기할 수 없으므로, 감독관과 상의하여 이음, 정착을 진행해야 한다.

표면조건	부재	철근	피복두께(㎜)
수중에서 타설하는 콘크리트	모든 부재	모든 부재	100
흙에 접하여 콘크리트를 친 후 영구히 흙에 묻혀 있는 콘크리트	모든 부재	모든 부재	80
흙에 접하거나 옥외의 공기에 직접 노출되는 콘크리트	모든 부재	D29 이상의 철근	60
		D19~D25	50
		D16 이하의 철근 지금 16㎜ 이하 동선	40
접하지 않는 콘크리트	기초 상부철근	모든 부재	50
	슬래브, 벽체, 장선	D35 초과하는 철근	40
		D35 이하의 철근	20
	보, 기둥	모든 철근	40
	쉘, 절판부재	모든 철근	20

이음길이 표

철근 fy = 400 MPa일 경우

철근	콘크리트 강도	인장철근 이음길이						압축철근 이음길이
		슬래브		슬래브 이외 부재				
		A급 이음	B급 이음	A급 이음		B급 이음(A급×1.3)		
		-	-	일반철근	상무철근	일반철근	상무철근	
HD10	21	300	390	420	550	550	720	300
	24	300	390	400	510	520	670	
	27	300	390	370	490	490	640	
	30	300	390	360	460	470	600	
	35	300	390	330	430	430	560	
	40	300	390	310	400	410	520	
HD13	21	430	560	550	550	720	720	380
	24	400	520	510	670	670	880	
	27	380	500	490	630	640	820	
	30	360	470	460	600	600	780	
	35	330	430	430	550	560	720	
	40	310	410	400	520	520	680	
HD16	21	580	760	680	710	890	930	470
	24	540	710	630	820	820	1070	
	27	510	670	600	770	780	1010	
	30	490	640	570	730	750	950	
	35	450	590	520	680	680	890	
	40	420	550	490	640	640	840	
HD19	21	780	1020	800	1040	1040	1360	550
	24	730	950	750	970	980	1270	
	27	680	890	710	920	930	1200	
	30	650	850	670	870	880	1140	
	35	600	780	620	810	810	1060	
	40	560	730	580	760	760	990	
HD22	21	-	-	1160	1500	1510	1950	640
	24	-	-	1080	1410	1410	1840	
	27	-	-	1020	1330	1330	1730	
	30	-	-	970	1260	1270	1640	
	35	-	-	900	1170	1170	1530	
	40	-	-	840	1090	1100	1420	
HD25	21	-	-	1320	1710	1720	2230	720
	24	-	-	1230	1600	1600	2080	
	27	-	-	1160	1510	1510	1970	
	30	-	-	1110	1430	1450	1860	
	35	-	-	1020	1320	1330	1720	
	40	-	-	950	1240	1240	1620	
HD29	27	-	-	1340	1750	1750	2270	840
	30	-	-	1280	1660	1660	2150	

정착길이 표

철근 fy = 400 MPa일 경우

철근	콘크리트 강도	인장철근 정착길이					압축철근 정착길이	
		슬래브	슬래브 외 부재		표준갈고리 있음			
		-	일반철근	상무철근	기본(Ldh)	Ldh×0.7	기본(Ldb)	Ldb×0.75
HD10	21	300	420	550	220	160	230	180
	24	300	400	510	200	140	210	160
	27	300	370	490	190	140	200	150
	30	300	360	460	180	130	200	150
	35	300	330	430	170	120	200	150
	40	300	310	400	160	120	200	150
HD13	21	430	550	550	280	200	290	220
	24	400	510	670	260	190	270	210
	27	380	490	630	250	180	260	200
	30	360	460	600	230	170	240	180
	35	330	430	550	220	160	230	180
	40	310	400	520	200	140	210	160
HD16	21	580	680	710	340	240	360	270
	24	540	630	820	320	230	340	260
	27	510	600	770	300	210	300	230
	30	490	570	730	290	210	300	230
	35	450	520	680	270	190	280	210
	40	420	490	640	250	180	260	200
HD19	21	780	800	1040	400	280	420	320
	24	730	750	970	380	270	400	300
	27	680	710	920	360	260	370	280
	30	650	670	870	340	240	360	270
	35	600	620	810	310	220	330	250
	40	560	580	760	290	210	310	240
HD22	21	-	1160	1500	470	330	490	370
	24	-	1080	1410	440	310	460	350
	27	-	1020	1330	410	290	430	330
	30	-	970	1260	390	280	410	310
	35	-	900	1170	360	260	380	290
	40	-	840	1090	340	240	360	270
HD25	21	-	1320	1710	530	380	560	420
	24	-	1230	1600	500	350	520	390
	27	-	1160	1510	470	330	490	370
	30	-	1110	1430	440	310	460	350
	35	-	1020	1320	410	290	430	330
	40	-	950	1240	390	280	400	300
HD29	27	-	1340	1750	560	400	560	420
	30	-	1280	1660	530	380	530	400

잡석 20㎝를 깔고 버림콘크리트까지 쳤다. 건물의 첫 콘크리트 타설이기 때문에 버림레벨은 반드시 확인하여 레벨봉을 설치해야 한다. 버림콘크리트는 대충해도 된다는 생각은 그야말로 버려야 한다. 버림콘크리트 타설을 잘 마치면 그다음 공정을 순탄하게 진행할 수 있다.

혹 사진의 현장을 보고 동결심도가 형편없다고 생각하는 독자가 있을 수 있다. 이 현장은 첫날 평탄작업을 마치고, 다음날 기초 터파기 예정이었다. 조그마한 언덕에 있는 흙까지 파내서 평탄작업을 하였지만, 상대적으로 옆 대지보다 꽤 낮았다. 모든 작업자를 대기해 놓은 상태라 기초 타설 후 외부 성토를 80㎝ 진행하기로 하였다. 나중에 되메우기가 80㎝나 되기 때문에 어쩔 수 없이 터파기를 50㎝ 정도만 팠던 상황이었다.

앞 사진과 같이 최대한의 습기 방지 차원에서 비닐은 되도록 터진 부위가 없어야 한다. 겹친 부위에서 습기가 올라올 수도 있기 때문이다. 그다음 외부 테두리보를 1차적으로 설치한다. 지중보 철근의 높이와 폭은 관리자가 미리 철근 반장에게 지시해 둔다.

수없이 다른 현장들을 돌아다녀봤지만 어느 현장에서도 철근 스트럽을 135°까지 꺾어 배근한 곳을 찾아보기 힘들다. 이게 맞다 틀리다 보다는 철근콘크리트 구조 일반에서 135° 표준갈고리에 내용이 나와 있다. 내진설계에서는 90°로 꺾는 철근은 없다.
다음 정착이다. 보와 보가 만나는 부위에서는 메인 철근을 꺾어 정착해야 한다. 한마디로 서로 맞물리게 철근이 고정되어야 힘을 제대로 받는다.

허투루 할 수 없는 철근 배근

기초 철근을 너무 쉽게 생각하는 경우를 제법 봤다. 철근 배근에 앞서 한 번이라도 철근콘크리트 구조 일반을 읽어보고 작업하기를 권한다. 대부분의 전원주택 시공 시 철근공들은 인력사무실에서 부르는 경우가 많다. 이럴 때 관리자가 철근의 피복 두께라든지, 이음 및 정착길이를 알려주면 그대로 가공이 가능하다.

최근 외부 테두리보도 없이 흙만 약간 파내고 기초를 배근하는 유튜브 영상이 적지 않게 눈에 띈다. 외부 테두리보 없이 설계를 했다면 설계자의 능력 부족일 것이고, 도면에 지중보가 있는데 슬래브 철근에 대충 앵커를 접어 배근했다면 현장시공자의 큰 실수이다.

외부 테두리 보를 설치한 다음 바닥 슬래브 배근을 한다. 여기서도 이음이나 겹친 길이를 정해줘야 제대로 철근 배근이 된다. 슬래브 철근은 외부 테두리 보 철근에 꺾어서 정착해 주어야 올바른 배근이다.

현장에 인입된 철근 제대로 파악하는 법

철근이 들어오면 제대로 들어왔는지 확인이 필요하다. 현장에 들어온 철근을 자세히 보면 철근 한 다발에 아래와 같은 꼬리표가 붙어 있기 마련이다.

제품검사표 KS D 3504 KSA인증번호 10824

품 명	철근 콘크리트용 봉강
종류의기호	SD400
호칭명	D16 x 8.00m
수 량	75 본 936kg
레이들번호	197661
제조년월일	2020.03.25

제품검사표 KS D 3504 KSA인증번호 10824

품 명	철근 콘크리트용 봉강
종류의기호	SD400
호칭명	D13 x 8.00m
수 량	120본 955kg
레이들번호	197862
제조년월일	2020.04.04

좌측 꼬리표는 D16㎜에 길이는 8m, 개수가 75본이고 중량은 936kg인 철근임을 나타낸다. 철근을 발주할 때는 정확한 철근 무게를 사전에 확인해서 구매해야 한다. 나중에 몇백㎏이 부족해 추가로 주문을 하면 운반비, 지게차비, 철근 재료비 포함해 비용을 더 지급할 수도 있기 때문이다. 우측 꼬리표의 HD13㎜도 마찬가지다. 1톤이 아니고 955㎏이다. 기초 배근 시 주로 가까운 대리점에서 철근을 구입하기 마련이다. 철근 영업소에 1톤인지 아니면 꼬리표처럼 955㎏인지 확인하고 입고한다. 영업소에 ㎏

당 단가를 정확히 파악하고, 들어오는 중량으로 정산해야 한다.

철근 배근 시에는 다시 한번 도면대로 외부 거푸집이 제대로 설치되었는지 한 번 더 확인해야 한다. 대부분 철근을 배근하다 보면 거푸집이 밀릴 수도 있기 때문이다. 우선 외부 둘레를 실측하고, 그다음은 대각선 길이를 실측하여 도면과 일치한다면 제대로 설치된 것이다.

슬래브 철근 배근이 끝나면 각종 전기 배관 작업이 이뤄진다. 그 사이에 화장실 등 방수가 필요한 부분은 미리 형틀을 만들어 두었다가 다운된 부분에 설치하면 된다.

검측이 끝나면 드디어 콘크리트 타설을 한다. 콘크리트가 들어오면 몇 대가 들어왔다는 송장이란 게 있다. 송장을 보면 콘크리트의 압축강도부터 슬럼프, 들어왔던 시간, 시방 배합표 등 콘크리트 재료의 모든 사항을 한눈에 확인할 수 있다.

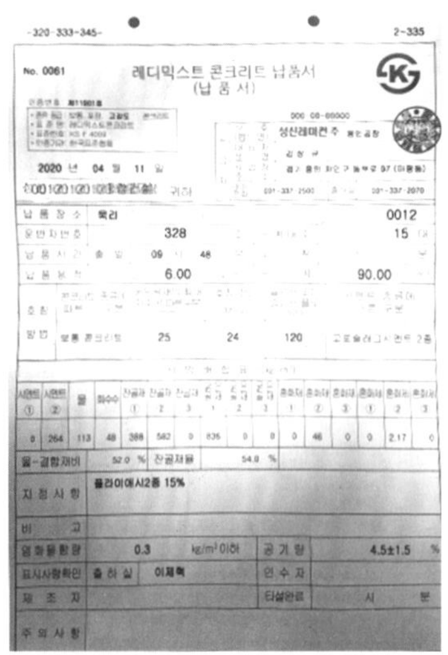

-320-333-345- 2-335

No. 0061 레디믹스트 콘크리트 납품서 (납 품 서)

000 00-00000
성신레미콘주

2020 년 04 월 11 일

납품장소		0012
운반차번호	328	15
납품시간	출발 09 시 48	
납품용적	6.00	90.00
호칭방법	25 / 24 / 120	

시멘트 ①	시멘트 ②	물	회수수	잔골재 ①	잔골재 2	잔골재 3	굵은골재 1	굵은골재 2	굵은골재 3	혼화재 1	혼화재 ②	혼화재 ③	혼화제 ①	혼화제 2	혼화제 3
0	264	113	48	388	582	0	836	0	0	0	46	0	0	2.17	0

물-결합재비	52.0 %	잔골재율	54.0 %
지정사항	플라이애시2종 15%		
비고			
염화물함량	0.3 kg/m³ 이하	공기량	4.5±1.5 %
표시사항확인	출하실 이재혁	인수자	
제조자		타설완료	시 분
주의사항			

철근 단면에도 제품정보 표시

철근의 단면도 살펴봐야 한다. 한 가지 팁이라면 철근 입고 시 좋은 철근인지 나쁜 철근인지 국내산인지, 일본산인지, 중국산인지 구분하는 방법이 있다.

상단 사진에 철근을 자세히 보면 'K H Y 16 4'라는 숫자가, 하단 사진 철근에는 'KR HS 13 4'라고 철근 표면에 각인되어 있다. 예전에는 철근 단면에 녹색, 황색으로 색이 칠해져 있었으나 요즘은 한국산업표준$_{KS}$ 규정에 의해 영어와 숫자로 양각되어 있다. 이 간격도 1.5m 간격으로 표시된다.

맨 앞의 K나 KR은 KOREA를 의미한다. 일본 제품은 J, 중국산은 C로 표기된다. 그다음 HY, HS는 국내 철강 회사명이다. HY는 환영철강, HS는 현대제철, DK는 동국제강을 의미한다. 이어서 16, 13은 철근의 규격이다. 숫자 4는 SD400 철근이라는 뜻이다. 숫자 4대신 별표로 ＊＊로 표시되기도 한다. 토목에서 사용하는 SD350은 숫자로 3 또는 ＊로 표기하며 SD500일 경우에는 숫자로 5 또는 ＊＊＊로 나타난다.

만약 철근 조립 시 철근이 남거나 부족하면?

공사를 하다 보면 철근이 규격별로 남거나 부족한 경우가 종종 발생한다. 전원주택에서는 대부분 HD10㎜, HD13㎜가 주로 사용된다. 슬래브는 도면상 HD13@300으로 표기되어 있는데, 하필 HD10㎜만 남아 있다면 철근의 단면적 표만 있으면 쉽게 간격을 조절할 수 있다.

이형봉강의 치수 및 단위 무게 [Dimension and Variation Shape]

호칭명 Bar No.	단위 무게 Unit Weight kg/m	공칭 지름 Diameter ㎜	공칭 단면적 Cross Sectional Area ㎠	공칭 둘레 Perimeter ㎝	마디의 평균 간격 최대치 Max. Average Spacing ㎝	마디높이 최소치 Minimum Value ㎜	마디높이 최대치 Maximum Value ㎜	마디틈 합계의 최대치 Maximum Total Gaps to Knots ㎜
D 6	0.249	6.35	0.3167	2	4.4	0.3	0.6	5
D10	0.56	9.53	0.7133	3	6.7	0.4	0.8	7.5
D13	0.995	12.7	1.267	4	8.9	0.5	1	10
D16	1.56	15.9	1.986	5	11.1	0.7	1.4	12.5
D19	2.25	19.1	2.865	6	13.4	1.0	2	15
D22	3.04	22.2	3.871	7	15.5	1.1	2.2	17.5
D25	3.98	25.4	5.067	8	17.8	1.3	2.6	20
D29	5.04	28.6	6.424	9	20	1.4	2.8	22.5
D32	6.23	31.8	7.942	10	22.3	1.6	3.2	25
D35	7.51	34.9	9.566	11	24.4	1.7	3.4	27.5
D38	8.95	38.1	11.4	12	26.7	1.9	3.8	30
D41	10.5	41.3	13.4	13	28.9	2.1	4.2	32.5
D51	15.9	50.8	20.27	16	35.6	2.5	5	40

상식적으로 HD13㎜가 30㎝ 간격이면 HD10㎜는 간격이 더 좁아져야 할 것이다.

공식은 [D10철근 단면적 / D13철근 단면적] × D13철근 간격으로 계산하면 D10㎜ 적용 시 간격을 알 수 있다.표의 단면적 참고

[0.713 / 1.267]×300 = 168.8(㎜)

결국, HD10㎜일 경우 160㎜ 간격으로 배근하면 된다.

레미콘[Ready-mixed concrete]에 대하여

생콘크리트 공장에서 배합하여 믹서차로 운반해 현장에 들여오는 굳기 전 콘크리트를 말한다. 영어 의미 그대로 미리Ready 섞은Mixed 콘크리트이다. 믹서차는 에지테이터 트럭Agitator truck이라고 한다.

믹서차는 공장에서의 배합부터 현장에 도착하여 타설까지 1.5~2시간 내에 완료해야 되기 때문에 레미콘 공장은 지역 곳곳에 자리한다. 믹서차는 대부분 6㎥2.3ton/㎥가 한 차이다. 레미콘은 물+시멘트+잔골재모래+굵은골재자갈+혼화재로 구성된다. 이 배합비는 콘크리트의 압축강도로 회사마다 다르다. 배합은 중량으로 계산된다.

레미콘 업체별 1㎥별 원자재 중량

AAA회사

종류 / 규격	굵은골재 (G)	잔골재 (S1)	시멘트©	물	기타 (혼화재)	총합계	6㎥
25-18-80	955	914	240	160	24	2293	13758
25-18-120	937	901	252	168	25	2283	13698
25-18-150	923	891	261	174	26	2275	13650
25-18-180	909	881	270	180	27	2267	13602
25-21-80	964	883	262	160	29	2298	13788
25-21-120	945	869	274	168	31	2287	13722
25-21-150	931	859	284	174	32	2280	13680
25-21-180	916	849	294	180	33	2272	13632
25-24-80	969	859	283	160	31	2302	13812
25-24-120	949	845	297	168	33	2292	13752
25-24-150	934	835	308	174	34	2285	13710
25-24-180	918	824	319	180	35	2276	13656

BBB회사

종류 / 규격	굵은골재 (G)	잔골재 (S1)	시멘트©	물	기타 (혼화재)	총합계	6㎥
25-18-80	933	879	294	166	33	2305	13830
25-18-120	934	845	308	174	34	2295	13770
25-18-150	915	838	319	180	35	2287	13722
25-18-180	882	844	330	186	37	2279	13674
25-21-80	932	854	317	168	35	2306	13836
25-21-120	931	820	332	176	37	2296	13776
25-21-150	914	814	342	181	38	2289	13734
25-21-180	879	818	355	188	39	2279	13674
25-24-80	929	814	356	170	40	2309	13854
25-24-120	924	778	375	179	42	2298	13788
25-24-150	904	771	387	185	43	2290	13740
25-24-180	869	778	400	191	44	2282	13692

우리나라 레미콘 어느 두 회사의 배합비이다. 자세히 보면 각 재료들의 중량에 대한 배합비가 다름을 알 수 있다. 현장에서 많이 사용하는 BBB회사의 25-21-120을 보면 굵은 골재가 931kg, 잔골재 820kg, 시멘트 332kg, 물 176kg, 혼화재 37kg이 합해져 2,296kg이 되는데, 이는 1㎥에 해당한다.

까다로운 공정, 노출콘크리트 시공

필자가 노출콘크리트 구조를 가장 많이 접해본 현장은 상암동 월드컵 경기장이었다. 도면 첫 장에 '모든 마감은 노출콘크리트'라고 명시된 첫 줄이 아직도 기억에 생생하다. 경기장 각각의 기둥은 원형스틸폼으로 제작하여 콘크리트 타설을 하였고 동서남북에 있는 램프들은 코팅합판을 사용하여 마감하였다. 그때 처음 우리나라 레미콘 회사의 콘크리트가 색깔이 각각 다르다는 것을 알았다. 슬럼프Slump; 콘크리트 반죽의 점도를 측정하는 치수마다 계절에 따라 색깔이 달라지는 것을 목격하였다.
회색이라고 해도 다 같은 회색이 아니었다. 기둥에 사용했던 원형스틸폼은 3회 이상 사용하면 콘크리트 타설 시 쇄석으로 인해 스크래치가 생긴다. 탈형 후에는 시멘트 페이스트Cement paste가 같이 떨어져 나와 깔끔한 노출콘크리트를 기대하기 힘들다. 그래서 PE FILM0.15㎜을 부치거나 폼 내부를 그라인딩한 다음, 투명 에폭시 도장 후 마른 상태에서 재사용을 반복하였다.

당시 경기장 부지 선정이 늦어지는 바람에 중간에 어쩔 수 없이 패스트트랙설계와 동시에 공사를 진행하는 방법으로 변경되었고, 작업이 야간 공사로 진행되다 보니 품질이 고르지 못했다. 결국에는 외부마감을 통일시킬 수 있는 노출콘크리트 보수작업이 수반될 수밖에 없었다. 당시 대구

종합운동장도 작업이 동시 진행되었는데, 그 현장에 직접 가서 보수작업을 배워오기도 하였다.

철근의 피복 두께에 따른 배근

노출콘크리트를 서너 번 해본 작업자들은 되도록 노출콘크리트를 안 하려고 한다. 너무도 신경 쓰는 과정이 많고, 수익성도 높지 않다는 이유가 대부분이다. 그래서 필자 개인적인 생각으로는 외벽 노출콘크리트라면 자재가 구매된 상태에서 실제 들어간 인건비로 정산하면 합리적일 듯하다. '㎡당 얼마'라는 최저 단가를 정하고, 무리하게 공사 기간을 단축하다 보면 마음에 드는 노출콘크리트가 나오기 쉽지 않다. 노출콘크리트 작업을 크게 나누면 철근에 대한 배근 문제, 거푸집의 변형, 콘크리트 타설 시 주의사항들로 나눌 수 있다.

철근 배근은 도면대로가 원칙이지만, 배근을 어떻게 하느냐에 따라 균열폭을 감소할 수 있다. 구조설계사무소에 건조 수축에 대한 균열이 제어될 수 있는지 확인 요청이 우선되어야 한다. 도면대로 시공할 수 있다면 혹시 발생할 수도 있는 크랙을 대비하여 균열 유발 줄눈을 설치하는 것도 방법이다.

배근 시에는 철근의 피복 두께를 반드시 지켜야 한다. 철근을 묶는 결속선도 거푸집에 닿으면 안 된다. 거푸집은 주로 코팅합판을 사용한다. 거푸집 탈형 후 결속선이 한 개라도 보인다면 일주일도 못가 그 지점에서 녹물이 흐를 확률이 높다.

위 사진의 좌측처럼 코팅합판 1장이 아니고, 코팅합판 뒤에 또 한 장의 내수합판을 겹쳐서 두 장으로 시공되는 게 일반적이다. 이유는 콘크리트 타설 시 콘크리트 측압으로 변형을 방지하기 위함이다.

거푸집 시공 시 보이지 않는 인건비가 가장 많이 들어가는 공정이 시멘트풀이 새어 나가지 않게 하는 품이다. 4*8ft$_{1220*2440}$ 코팅합판을 사용하면 그 결합 부분마다 시멘트 풀이 새어 나와 색깔이 달라진다. 이를 오히려 좋아하는 이들도 있지만, 대부분 그 부위가 없어야 한다는 생각이 일반적이다. 합판 연결 부분, 모서리나 코너 부분, 폼타이콘 등 여러 부위에서 시멘트 풀이 흘러나올 수 있다. 연결 부분을 탄성퍼티로 메꾸고, PE FILM$_{\text{0.1㎜ 이상}}$을 벽체에 붙여 마감하고, 코너 부위는 패킹 테이프를 부쳐 시멘트 풀이 새어 나오지 않게 하는 작업이 의외로 품이 많이 들어간다.

콘크리트 타설은 슬럼프[Slump]가 높아야

콘크리트 주택의 강도는 대부분 25-21-120가 일반적이다. 여기서 25㎜는 굵은 골재의 최대치수, 21MPa은 호칭강도, 120㎜는 슬럼프를 의미한다. 하지만 노출콘크리트는 주로 골재 크기와 호칭 강도를 조정하여 타설한다. 필자가 사용해 본 게 19-24-180이다. 골재의 최대치수는 줄이고, 호칭강도는 더 높게 하고, 슬럼프는 더 무르게 한다. 자재비면에서는 10~15%는 단가가 상승하지만, 콘크리트 타설 시 유동성이나 장기적인 내구성 확보, 품질 확보 측면에서는 유리하다. 콘크리트 타설은 구조체의 완성을 만들기 위한 작업이다. 따라서 다짐 방법 등도 작업자에게 주지시켜 타설해야 한다.

첫째, 철근을 맞고 떨어진 잡석들이 한군데 뭉쳐 일어나는 재료분리현상에 주의해야 한다. 이러한 재료분리현상은 25㎜ 골재보다는 19~20㎜를 사용함으로써 철근에 부딪혀 떨어지는 현상을 최소화할 수 있다.

둘째, 창틀 바로 밑 부분이 덜 채워지는 현상을 방지해야 한다. 이에 대한 대책은 창틀 하부 거푸집에 미리 구멍을 뚫어 놓으면 에어포켓 현상을 방지할 수 있다.

셋째, 레미콘이 늦게 현장에 와서 생길 수 있는 콜드 조인트 방지도 관심을 가져야 한다. 콜드 조인트Cold joint란 앞서 타설한 층의 콘크리트가 굳기 시작한 후 다음 층이 계속 타설되어 생기는 불연속적인 접합면을 말한다. 콘크리트 타설 시 일정한 간격으로 지속해서 레미콘 트럭이 공급되어야 하는데, 갑자기 2~3시간 중단된다면 콜드 조인트 현상이 발생하여 노출콘크리트 품질에 심각한 문제가 생길 수 있다.

좌측 사진의 현장은 내외부 모두 노출콘크리트로 마감하였다. 내부 벽체를 자세히 보면 4″*8″ 합판의 연결 부분이 보일 것이다. 시멘트 페이스트가 흘러서 그렇다. 현장에서 보면 노출콘크리트는 받은 시공비만큼 품질이 나오는 듯하다. 외부 일부에는 송판 노출이 있다. 시중에 송판은 주로 더글라스송판[12T*$100_{\text{폭}}$*$3,600_{\text{길이}}$]이나 삼목송판[7T*100_{120}*3,600] 그리고 낙엽송을 많이 사용하고 있다.

■ 더글라스 무늬(좌)와 삼목 무늬(우)

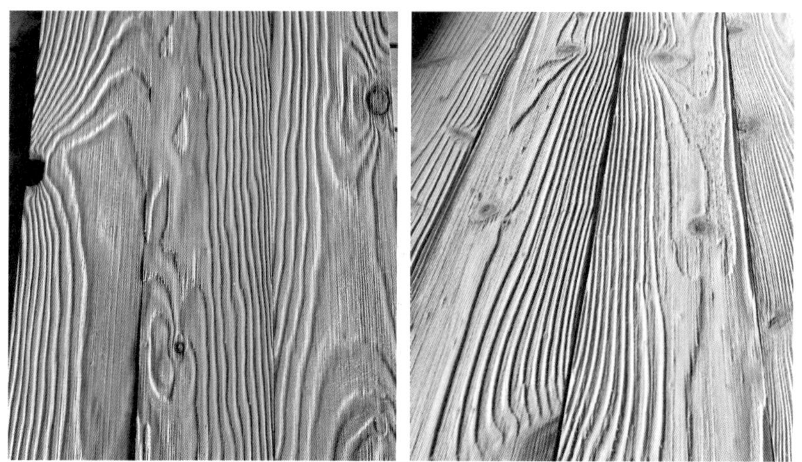

이런 목재를 사용하기 전에는 목재상에 나무 무늬결이 선명한 것을 주문하고, 브러싱을 한 번 더 해달라고 사전에 부탁하는 것이 좋다. 예전에는 나뭇결을 살리기 위해 현장에서 토치로 태우다가 민원이 들어와 중단한 적도 있었다. 노출콘크리트가 구조체인 동시에 마감이기 때문에 어느 한 공정도 소홀히 해서는 안 된다.

노출콘크리트의 시공비 단가

노출콘크리트를 완료하고 실제 투입된 재료비와 인건비를 정리해보면, 일반 거푸집 단가의 2.5~3.5배까지 비용이 소요되었다. 감독관이 어느 정도의 품질을 원하는지에 따라 비용 차이가 난다. 노출콘크리트는 감독관의 의도나 시방서대로 완벽하면 좋겠지만 좀처럼 뜻대로 되지 않는다. 좋은 품질을 만들기 위해서는 관리자와 작업자의 열정과 품질 확보를 위한 세심한 시공이 수반되어야 한다.

시공사는 어쩔 수 없이 되도록 낮은 단가로 입찰해야 되는 입장이 될 수밖에 없다. 노출콘크리트도 속도감 있게 마감하려 하지만, 늘 품질과 공기는 상충되기 마련이라 합의점이 필요하다. 차라리 노출콘크리트를 단가 경쟁 항목에서 제외하고 발주하는 게 합리적이라는 생각도 든다.

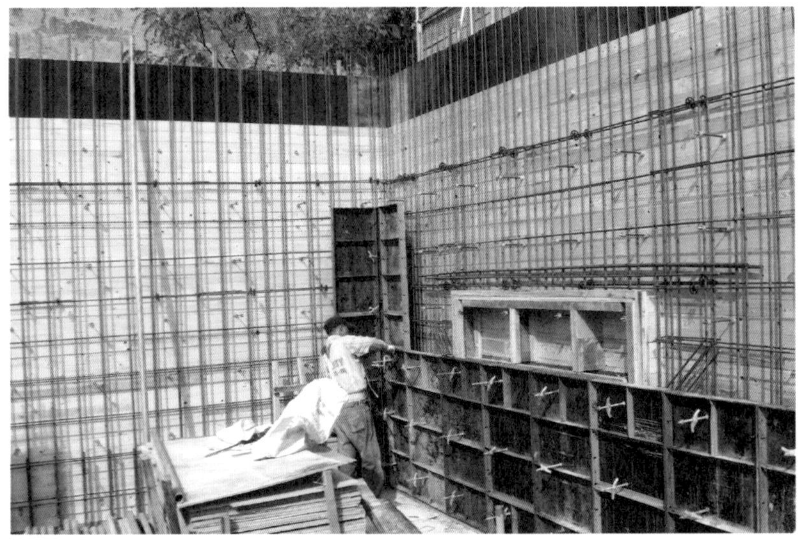

필자는 개인적으로 중부지방에서의 노출콘크리트 건물을 의뢰받을 때는 될 수 있는 한 피하고자 한다. 여태껏 노출콘크리트 건물이 만족할 만한 주택이라고 얘기하는 분을 만나기 어려웠다. 물론 예시 현장의 건축주처럼 추우면 난방을 더하고, 더우면 에어컨 더 틀면 된다는 생각을 하는 분은 예외이다.

기온이 낮은 지역에서는 비추천

흔히들 노출콘크리트 하면 일본의 건축가 안도 다다오를 떠올린다. 그런데 그분이 설계하고 지었던 주택은 대부분 위도상으로 부산 아래지역에 위치한다. 동경보다 아래 지역에 주택을 설계한 사실은 추운 곳에서는 노출콘크리트 주택의 장점보다는 단점이 더 많다는 것을 알았기 때문이라고 판단된다.

우리나라 중부권이나 강원도 지역에 노출콘크리트 주택을 원하는 예비건축주가 있다면 꼭 노출콘크리트 주택에 살고 계신 분께 반드시 문의하고 결정하기를 권한다. 일 년이면 두세 번의 노출콘크리트 주택 의뢰를 받는다. 그때마다 일성은 지어드릴 수는 있지만, 추위로 인한 난방비나 결로, 곰팡이 때문에 자신이 없다고 말씀드린다. 아래 사진의 주택사례처럼 내부까지 노출콘크리트라면 더더욱 추천하고 싶지 않다.

사진의 집을 시공했던 이유는 건축주가 일본인이었는데, 노출콘크리트 주택에 대한 취향의 선택과 결정에 변함이 없었다. 더구나 우리나라에선 마땅히 맡길 시공사가 없다는 말에 은근 자존심이 발동하기도 하였다. 여하튼 완공 후 일본인 건축주가 아주 만족했기에 그걸로 끝났다. 그 이후에는 여타 AS 요청도 없어서 현재 상태를 알지는 못한다. 앞으로 노출콘크리트 주택을 짓는다면 세세한 모니터링도 계획해 볼 작정이다.

예시를 든 주택의 단열 방식에 대해 궁금해할 독자도 있을 듯하다. 지붕은 통상적인 방식대로 콘크리트 타설 후 방수를 하고 단열재를 깐 뒤 누름타설을 하였다. 벽체는 내외부 모두 노출콘크리트로 마감하여 중단열을 선택하였다.
도면상에는 250㎜ 벽체 가운데 비드법단열재 50㎜만 명기되었다. 아무래도 벽체 철근 중앙에 단열재를 설령 똑바로 세우더라도 콘크리트 타설 시 그 측압으로 한쪽으로 밀릴 게 뻔했다. 그래서 고안해 낸 것이 샌드위치 패널이었다. 이 방식에 대한 확신은 없었으나, 당시 적용해서 효과를 봤다.

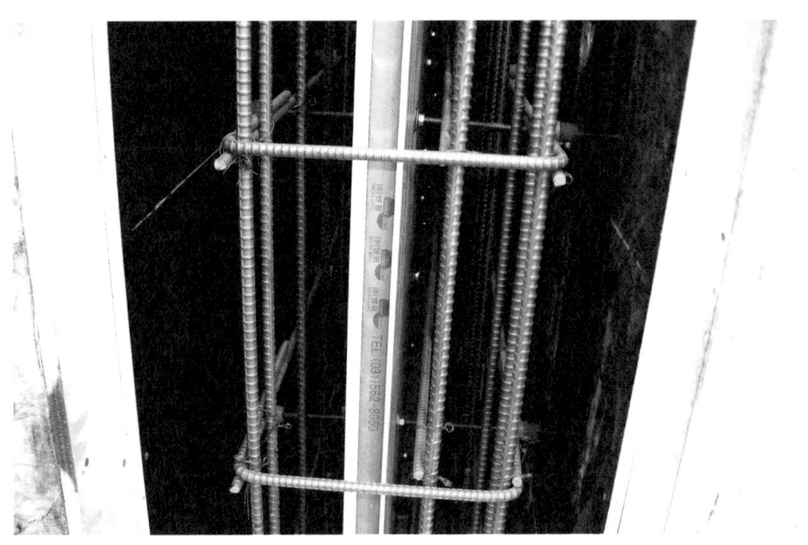

기초 바닥과 패널이 만나는 부위는 우레탄 폼으로 충진하고, 군데군데 형틀을 잡아주는 타이가 있어 한쪽으로 밀리지는 않았다. 패널이 지붕까지 연장되어 올라갔지만 2층 바닥 슬래브에서는 끊김이 발생하였다. 열냉교를 생각한다면 불합격 건물에 해당한다. 이처럼 내외부 모두를 노출콘크리트로 마감하지 말았으면 하는 생각에서 솔직하게 이 글을 쓴다. 노출콘크리트를 희망하는 예비 건축주분들이 사전에 충분한 공부가 필요한 이유이기도 하다.

제8장

ALC 및 황토주택 시공 포인트

- ALC블록 도입 배경과 특징
- ALC주택 시공 시 유의사항
- 다양한 황토주택의 구조방식
- 도대체 황토주택은 왜 추운 걸까?
- 아궁이 없는 구들방

ALC블록 도입 배경과 특징

성공적인 88올림픽 이후 1989년부터 부동산이 요동을 쳤다. 요즘처럼 그 당시에도 하루가 다르게 급등했던 시절이다. 이어서 정부에서는 5개 신도시 건설계획을 발표했다. 이른바 200만 호 건설사업으로 분당, 일산, 중동, 평촌, 산본 신도시가 생겨났다. 철근, 레미콘 파동에 이어 모래까지 부족해 바닷모래로 아파트가 지어지면서 하자 덩어리 주택들이 양산되기도 하였다. 서울시도 40여만 호를 짓기 위해 도시개발공사를 설립했던 때가 그즈음이다. 내부 벽체를 벽돌로 쌓아야 하는데, 조적공이 부족한 상황에서 혜성처럼 등장한 게 ALC블록이다.

건설현장에서 적은 인원으로 빠르게 조적할 수 있다는 소문이 퍼지면서 너도나도 ALC로 벽체를 시공하기 시작했다. 그러나 ALC블록의 다양한 장점에도 불구하고, 그 재료의 성질이나 설명서에 대한 이해 부족으로 많은 하자가 발생하기도 하였다.

쌍용양회가 독일 HEBEL사와 기술제휴를 맺고 세운 쌍용ALC는 1992년부터 지금까지 ALC를 생산, 판매하고 있다. 현재는 작업자를 상대로 지속적인 교육도 진행하고 있다. 현장에서 품질관리만 제대로 한다면 재래식공법에 비해 ALC는 공사 기간 단축과 청소비, 폐자재 처리 비용 등을 절감할 수 있는 장점이 많다. 그뿐만 아니라 단열성이나 차음 성능 면에서도 여타 재료의 공법들이 따라오기 힘든 좋은 재료이다.

ALC블록은 균열 제어가 관건

ALC는 규석을 주원료로 생석회, 석고, 시멘트, 물 등을 혼합하여 발포해 오토클레이브의 고온, 고압 상태에서 증기 양생한 경량기포콘크리트를 말한다. ALC블록 규격은 길이는 600㎜이고, 높이는 200~400㎜, 두께는 50~350㎜까지 다양하다. 종류로는 일반적으로 사용하는 일반블록, 습기의 피해를 줄이기 위한 발수블록, 단열성능을 강화한 쌍용ALC-I, 외벽이나 칸막이벽을 위한 패널류, 층간바닥 및 지붕슬래브 패널 등이 생산되고 있다.

현장에서 ALC블록 공사의 관건이자 가장 유의해야 할 점은 균열 제어이다. 우선은 상부 구조물의 처짐에 대비하여 슬래브 끝까지 조적하지 말고 15~20㎜를 띄워 우레탄 폼을 충진해야 한다. 다음으로는 방수턱이 없거나 물을 사용하는 곳, 습기가 많은 곳의 첫 단은 발수블록을 반드시 사용해야 한다.

▲ 현장에 들어온 ALC블록과 첫 단 발수블록 사용 예

ALC블록은 현장에 대개 비닐로 감싸서 파렛트로 들어온다. 비닐을 제거하고 비에 젖지 않도록 한 다음 최소 2주 이상 보관한 다음 함수율 측정기로 체크한 후 사용해야 한다. ALC블록은 막 생산되었을 때 함수율이 80%기건중량 대비 수분의 중량에 달한다고 한다. 함수율이 높으면 건조수축이 심하므로 안정화 수치까지 확보된 후에 사용해야 하기 때문이다.

일반벽돌을 조적한 후 미장 두께는 18mm 정도이다. ALC는 수지미장이라고 해서 두께가 2~3mm밖에 되지 않는다. 간혹 미장면에 실금이 가는 경우도 있는데, 수지미장 시 재료 안내서의 준수는 필수이다. 늘 문제는 재료 배합을 대충 하면서부터 하자가 발생한다.

ALC주택 시공 시 유의사항

지표면 이하에는 블록을 사용하지 않는 것이 원칙이다. 부득이한 경우 반드시 표면처리제 등으로 방수 마감을 마친 후 사용해야 한다. 화학적으로 유해한 장소에서 사용할 때에도 필요한 방호처리를 한 뒤에 사용한다.

조적 시 몇 가지 기준과 방법

- 슬래브나 방수턱 위에 고름 모르타르를 10~20㎜ 두께로 깐 후 첫단 블록을 올려놓고 고무망치로 수평을 잡는다.
- 쌓기 모르타르는 배합 후 1시간 이내에 사용한다.
- 줄눈 두께는 1~3㎜ 정도로 한다.
- 블록 상하단의 겹침 길이는 1/3~1/2을 원칙으로 하고 100㎜ 이상으로 한다.
- 하루 쌓기 높이는 1.8m를 표준으로 하고 최대 2.4m 이내로 한다.
- 모서리 및 교차부 쌓기는 끼어쌓기를 원칙으로 통줄눈이 생기지 않도록 한다.
- 콘크리트 구조체와 블록벽이 만나는 부분 및 블록벽이 상호 만나는 부분에 접합철물을 사용해 보강한다.월타이 등

- 상부 구조체와 접하는 부분은 구조체의 처짐에 충분히 견딜 수 있고, 상부 구조체로부터 힘이 전달되지 않는 부위는 충전재로 밀실하게 채운다.
- 신축줄눈을 통한 열손실 방지, 방음성능, 내화성능을 확보하려면 암면 등의 광물 섬유를 채워 실란트 또는 내화용 줄눈재로 충전한다.

▲ 모르타르는 100% 수평, 수직에 도포해야 한다. / 5~6단 마다 수평이 맞는지 반드시 확인해야 한다.

구조적 안정성을 위한 보강작업

- 모서리 : 통행이 빈번한 벽체의 모서리 부위는 면 접기 및 별도 보강재로 보강한다.

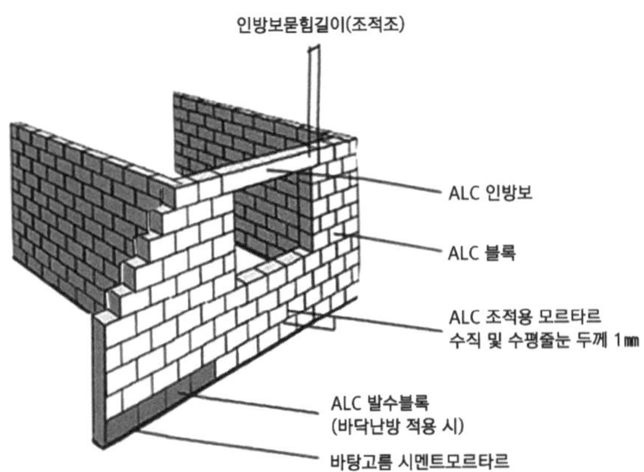

■ 내력벽체 인방보 묻힘길이(㎜)

인방보의 길이	인방보의 최소 걸침길이
2,000 이하	200
2,000~3,000	300
3,000 이상	400

- ALC 인방보의 보강철근은 방청 처리된 호칭길이 5㎜ 이상의 철근을 사용한다.
- 문틀 세우기 시 먼저 세우기를 원칙으로 하고 문틀의 상하단 및 중간에 600㎜ 이내마다 보강철물을 설치한다.
- 문틀 세우기를 나중에 할 때는 블록벽을 먼저 쌓고 문틀을 설치한 후 앵커로 고정한다.

방습층 형성 및 방수 작업

최하층 바닥 위에 첫단 블록을 쌓을 때는 바닥에 아스팔트 펠트 등 방수 성능이 우수하고 모르타르와 접착력이 좋은 재료로 벽두께와 같은 폭으로 방습층을 설치한다. 상시 물과 접하는 부분에는 방수턱을 설치해야 한다. 또한 시멘트 액체방수 시 취약한 부분이나 균열 발생이 우려되는 부위에는 부분적으로 도막방수를 추가로 시공한다. 창호틀은 외부 벽면과 동일선상이나 또는 외부로 돌출되게 시공하고 접합부는 실런트로 마무리하는 것이 바람직하다. 창문틀을 외부 벽면에서 들여 설치할 경우 창대석 또는 플레싱을 설치하고, 접합부는 실런트로 처리한다.

구멍뚫기 및 홈파기, 메우기

- 벽체가 충분히 양생된 후 시행한다.
- 블록을 절단할 때 전용공구를 사용해 정확히 절단하고, 접착면이나 노출면을 평활하게 한다.
- 구멍은 목재용 오거비트Auger bit 등을 이용해 정확히 뚫는다.
- 홈파기 : 전기 및 설비용 배관에 사용한 홈파기는 블록쌓기가 완료된 후 전용공구로 시공한다.
- 홈파기 깊이는 파이프 매설 후 사춤 두께충전 모르타르 두께가 최소 10㎜ 이상 확보한다.
- 배관은 흔들리지 않도록 못과 철선 등으로 고정한다.
- 메우기 : 배관이 완료된 부위는 충전용 모르타르를 바른 후 흙손으로 면 처리를 마감한다.
- 메워진 부위는 유리 섬유망으로 보강하는 것을 원칙으로 한다.
- 충전재의 충전은 블록의 고정 부위가 충분히 양생된 후에 한다.

자재별 내벽 마감

ALC 마감재는 경량이어야 하며 낮은 투수성과 적합한 투습성을 지니고 있어야 한다. 마감공사 전 바탕면을 깨끗한 상태로 유지시켜야 한다. 파손 가능성이 있는 벽체 모서리는 모따기 시공을 하거나 코너비드 보강 후 마감한다.

벽 속에 매입되는 타 공정의 작업이 완료되었는지 확인한다. 벽체 표면의 기름, 먼지 등 유해한 오물을 제거하고 결함 부위를 보수한다. 마감공사는 ALC벽의 함수율 15% 이하로 충분히 건조된 상태에서 진행해야 한다. 수분과 접하게 되는 부위에는 마감 전 방수 처리는 필수이다.

마감의 종류	내 용
수지미장	· 몰탈혼합 및 사용시간은 제조사의 시방에 따른다. · 배합된 몰탈은 별도의 명기가 없는 한 두께 3㎜로 쇠흙손을 사용하여 평활하게 바른다. · 필요시에는 균열 방지용으로 ALC 바탕면에 유리섬유메쉬로 보강한다.
석고플라스터	· 미장면 두께는 설계 시방에 따라 고르게 바른다. · 필요시 플라스터의 균열방지용으로 ALC 바탕면에 유리섬유 메쉬로 보강한다. · 습기에 상시 노출되는 부위에는 적용하지 않는다.
벽지	· 벽지마감 바탕은 ALC 전용 수지미장 바탕면을 원칙으로 하되, 그렇지 않으면 바탕면을 평활하게 처리하여야 한다. · ALC 전용 수지미장으로 미장을 하지 않는 경우에는 바탕면 처리 후 부착력 향상을 위하여 프라이머(Primer)를 도포하되, 습기에 의한 곰팡이 발생이 예상되는 곳에는 방균 프라이머를 사용한다. · 프라이머 바탕이면 반드시 초배지 시공 후 벽지 마감을 한다. · 접착 효과를 최대화하기 위해 프라이머 도포 작업과 도배마감 작업 사이의 기간이 장기화되지 않도록 한다.
타일	· 타일은 흡수율이 적은 자재를 사용한다. · 타일 몰탈을 바르기 전에 바탕면을 습윤케 한다. · 붙임공법은 개량압착 또는 압착공법으로 시공한다. · 타일 시공면적이 넓은 경우에는 신축줄눈을 설치한다.
각종 보드류	· 접착제는 초산비닐계 용제형이나 클로로프렌계를 사용한다. · ALC 전용 못으로 작업하는 경우에는 벽에 매입되는 길이를 50㎜ 이상 되도록 한다.

세 가지 ALC 외벽마감

벽 속에 매입되는 타 공정의 작업이 완료되었는지 확인 후에 진행하는 것이 바람직하다. 역시나 벽체 표면의 기름이나 먼지 등 유해한 오물을 확실하게 걷어내고 혹시나 결함 부위가 있다면 세세하게 보수하는 것이 하자를 줄이는 지름길이다. ALC 블록의 함수율을 조사해 15% 이하로 충분히 건조된 상태에서 외벽 마감을 이어간다. 수분과 접하게 되는 부위에는 마감 전 방수 처리는 필수이고, 외기에 직접 면하는 부위는 발수성과 투습성을 지닌 마감재를 사용해야 한다.

마감의 종류	내 용
수지미장	· 몰탈 혼합 및 사용시간은 제조사의 시방에 따른다. · 배합된 몰탈은 별도의 명기가 없는 한 두께 3㎜로 쇠흙손을 사용하여 평활하게 바른다. · 필요시 균열방지용으로 ALC 바탕면에 유리섬유메쉬로 보강한다.
경량플라스터	· 미장면 두께는 설계도에 따라 고르게 바른다. · 필요시 플라스터의 균열방지용으로 바탕면에 유리섬유메쉬를 보강한다. · 마감색상 및 문양(Texture)은 설계도에 따른다.
석재판 및 성형판	· ALC의 외벽에 설치하는 석재판 및 성형판은 건식공법을 택한다. · 고정에 사용하는 앵커류 및 공법은 충분한 내력을 확보할 수 있도록 별도의 앵커내력에 의거하여 선택한다. · 석재판 또는 성형판 설치 전 ALC 바탕면에 필요한 단열처리 및 방습층 시공을 한다. 단, ALC가 200㎜ 이상으로 자체 단열이 가능한 경우에는 방습층 시공만 한다. · 방습층 시공은 수지미 또는 발수제 도포 및 방습지 시공 등으로 한다.

다양한 황토주택의 구조방식

황토란 함수 산화철과 무수 산화철을 함유한 규토와 흙으로 이뤄진 자연 상태의 흙을 말한다. 황토와 같은 흙 안료는 우리나라 전역에서 쉽게 구할 수 있다. 특히 전라남도 지방의 황토는 산화철을 많이 함유하고 있어 붉은 기운이 강하다. 반면 경상도 지방의 황토는 누런 기운이 강한 편이다. 황토는 일반적으로 습도조절 기능, 단열보온 기능, 향균방충 기능, 방음효과, 탈취효과, 각종 독소 제거 기능, 공기 정화기능 등 여러 장점을 가졌다. 그래서 황토 건축물에서 생활하면 잠자리가 편안하고 혈액순환이 잘되어 질병 예방에 효과적이다.

옛날의 황토집 유형은 한옥처럼 중목으로 목구조를 완성해놓고 기둥 사이에 대나무를 고정하고, 망을 덧댄 다음 황토로 바르면서 미장하는 경우가 일반적이었다. 하지만 집을 더욱 빠르고 저렴하게 짓기 위해 주택은 발전하였고 다양한 형태의 황토집들이 선을 보이고 있다.

황토벽돌 + 경량목구조 지붕형태

기둥과 벽체는 황토블럭을 쌓고, 지붕만 경량목구조를 적용하여 집을 만드는 예이다. 황토집 중에 가장 저렴하게 지을 수 있는 방법으로 손꼽힌다.

철근콘크리트 구조 + 황토 벽체

이층 바닥 슬래브나 지붕을 철근콘크리트구조로 먼저 뼈대를 만든 다음 그 사이에 황벽벽돌을 쌓는 경우이다.

중목구조 + 황토벽돌

뼈대를 한옥처럼 먼저 세우고, 그 사이에 황토블록을 쌓은 예이다. 이런 경우 외부에서 보면 나무 기둥재가 노출된다. 서로 다른 이질 접합부에서는 늘 수축 팽창으로 갈라짐이 발생하기에 서로 다른 재료가 만나는 곳에 신경 써서 시공해야 한다.

황토기둥과 벽체 + 지붕은 한옥풍

기둥은 황토 기둥을 적용하였고, 벽체를 황토 이중 벽체로 조합된 구조이다. 그리고 지붕은 한옥처럼 서까래를 걸어 골격을 만들고, 기와를 시공하였다.

이처럼 황토주택도 우리 주위에서 참으로 다양하게 시공되고 있다. 그렇다고 타 구조체보다 시공비가 저렴한 것은 아니다. 다만, 황토주택은 여타 주택 구조보다 단열에 주의할 부분이 많다.

도대체 황토주택은 왜 추운 걸까?

위 사진은 황토주택의 전형적인 형태이다. 기둥과 지붕을 목재로 골격을 갖춘 다음 그 사이에 황토벽돌을 쌓아 마감하는 방식이다. 이런 경우 기둥과 황토벽돌 사이는 재료가 다르다 보니 수축팽창률도 차이가 난다. 세월이 흐를수록 그 사이에 틈이 생기고, 겨울철 따뜻한 공기가 그 사이로 빠져나갈 수 있다. 주택이 나이를 먹어 기둥과 벽체 사이에 틈이 생긴다면 먼저 그 빈틈부터 메꾸는 게 급선무이다. 황토블록으로 벽체를 쌓는다면 벽돌 선정도 중요하다. 황토블록에 대한 마땅한 시험성적이 없어서, 개인적으로 실험을 해본 적이 있다. 전국적으로 황토벽돌을 생산하는 업체 10개 안팎을 대상으로 하였다. 홈페이지를 보고 재료의 특성을 이해하고 5개 업체에서 샘플을 받았다. 우선 블록 사이즈를 정확히 잰 다음 커다란 물통에 5일 동안 담갔다. 우리나라 장마 기간에 비가 5일 연속해서 내릴 수 있다는 가정하에 정한 일수이다.

황토블록에 콘크리트 백화현상이?

개중에는 물속에서 자연적으로 분해된 황토블록도 있었다. 필자 소견으로도 당연히 불합격 제품이고, 6일째 되던 날 나머지 4개의 황토블록을 꺼내 야외에서 5일간 방치해 둔 상태에서 이후 실측을 진행했다. 맨 처음 측정했던 치수와 어떤 차이가 있는지 알아보기 위해서였다. 치수에 변화가 있다면 그 제품도 불합격이다. 만약 치수가 줄거나 늘어난다면 나중에 블록 사이에 메지를 넣어야 하는데, 수축 팽창이 있다면 줄눈이 떨어질 가능성이 크기 때문이다. 마침내 두 개 회사 제품이 남았다. 단가도 따로따로였다. 가격이 저렴한 제품에 관심이 가기 마련이지만, 전혀 변형이 없는 블록을 두고 한동안 결정을 못했다.

야외에 둔 제품을 자세히 보니 어떤 연유인지 모르겠으나 한 회사 제품에서 겉면에 하얗게 백색 같은 게 보였다. 콘크리트에서 일어나는 일명 '백화白華현상'과 유사했다. 대게 시멘트 모르타르나 콘크리트와 같은 시멘트 경화물에서는 수산화칼슘이 다량 존재하기 때문에 생기는 현상이다. 그 제품의 생산업체에 전화를 걸어 사실 여부를 물어봤더니 어떻게 알게 되었냐는 반문뿐이었다.

그렇게 최종적으로 실험을 통과한 황토블록을 선정하여 24개 동으로 구성된 황토마을을 조성한 바가 있다. 최종으로 선택한 황토블록 공장에 직접 찾아가 회사 대표를 만났다. 왜 이 블록은 시멘트 성분이 없는지 한 수

가르쳐 달라 부탁했으나. 재료 첨가에 대한 비법은 아들도 안 가르쳐 준다는 대답만 들었던 에피소드가 있다.

위 사진을 자세히 보면 황토 벽체를 이중으로 쌓은 것을 볼 수 있다. 벽체가 450㎜가 넘는데, 그 사이에 공기층 형성을 통한 단열을 위해 벽체를 띄운 것이다. 그러나 집이란 게 생각대로 쉽지가 않다. 공기가 단열성능을 가지려면 공기는 진공이 되어 움직이지 않는 상태가 되어야 한다. 바닥 난방을 하면 따뜻하게 데워진 공기는 위로 올라가고, 차가워진 공기는 빈틈이 있으면 그 사이를 뚫고 날아가 버린다. 결국 계속 난방을 해야 한다는 말이다. 이를 '대류현상'이라고 하는데 벽체와 지붕 서까래가 만나는 부위가 밀실하지 않으면 아주 차가운 집이 되고 만다. 그래서 그 빈 공간에 왕겨숯을 넣기도 해보았다. 사실 설계 도면에 충실하고 감리에 맞춰 좁은 틈을 채웠던 것인데, 시험성적서와 같은 근거는 미비한 상태였다. 초창기는 사실 벽체를 한 겹으로만 쌓는 게 일반적이었다. 하지만 아무래도 집이 춥다 보니 외벽을 두 겹으로 쌓고, 앞서 언급한 바와 같이 가운데 중공을 두는 방식으로 진화했다.

▲ 밑에서 천장을 본 사진 / 지붕공사 현장으로 친환경주택을 지향한 공사로 별도의 단열재가 없다.

내부 마감에 타이벡 접목 검토

황토주택이라고 해서 단열재조차도 빼고 시공하는 경우를 본 적이 있다. 황토집의 건강성을 강조한 나머지 여타 필수 자재를 배제한다면, 결국 집 내부가 추워져 오히려 건강에 해로울 수 있다.

황토집도 단열을 제대로 해야 한다. 벽체를 이중으로 쌓고 그 사이에 빈틈없는 단열재가 빙 둘러 채워져야 한다. 여기에 필자가 추가하고 싶은 것은 투습방수지인 타이벡이다. 벽체를 이중으로 쌓으면 안쪽 벽체를 쌓고 타이벡을 돌린 다음, 단열재 그리고 외벽쌓기 순으로 시공을 진행하는 게 바람직하다. 타이벡은 기밀 시공에 분명 도움이 된다. 황토블록을 쌓다 보면 흔히 블록 사이 접착력을 위해 몰탈을 수평으로 펴고 그 위에 블록을 쌓는다. 그러나 아무리 잘 쌓더라도 먼 곳에서 보면 틈새가 보이기 마련이다. 나중에 메지 작업으로 보완이 되겠지만 열교현상이 일어날 수 있는 대표적인 부위다.
지붕도 마찬가지다. 지붕은 외부 표면적이 넓어 가장 열손실이 많은 곳이다. 필히 국토교통부에서 지정한 두께에 따라서라도 단열재를 시공해야 할 것이다.

아궁이 없는 구들방

전원주택을 짓다 보면 구들방을 원하는 건축주가 더러 있다. 구들방은 건강은 물론 장년층에는 어린 시절 향수를 불러일으키는 아이템이다. 요즘도 구들방 잘 놓는 방법을 가리키는 교육기관도 있고, 더 발전한 구들 관련 제품들이 출시되고 있기도 하다.

시대가 변했다. 요즘 지어지는 집들은 단열성 강화로 웬만한 추위에는 문제가 없다. 더구나 밀폐성이 굉장히 높아졌기 때문에 일산화탄소가 빠져나갈 구멍이 별로 없다. 구들 시공을 하면서 우려스러운 부분도 방바닥의 갈라짐과 일산화탄소에 의한 가스 중독이다.

구들이 놓인 온돌방이 필요하다면 집에서 분리된 별도의 작은 찜질방을 마련하는 것도 방법이다. 이 조차도 쉬운 일도 아닌 데다 장작도 그렇고 불 때는 것을 귀찮아하는 분들도 적지 않다.

황토의 복사열로 구들 효과 만끽

세상이 날로 변하고 있다. 이런 구들방의 번거로움을 해결해주는 기술들이 선보이고 있다. 장소에 구애받지 않고, 전기만 있으면 난방이 가능한 시공방법이다.

▲ 탄화코르크보드로 밑으로 빠져나갈 수 있는 단열공사를 한다. / 편백나무로 마감된 구들

황토의 복사열로 편백나무를 데워 적은 난방비용으로 공간까지 덥히는 방식으로 아궁이 구들장 특유의 열 맛까지 살려낸 것이다. 이를 '편백구들'이라고 하는데, 첨단 히트파이프로 증기열을 만들어 황토를 데우는 시스템이다.

아궁이 장작불의 연기가 고래를 데워서 구들을 뜨겁게 덥히는 원리처럼 전기가 아궁이 역할을 하는 히터까지만 들어오고 스팀 발열로 뜨거워진 황토가 구들의 맛을 구현해 내는 것이다. 보통 구들은 한지를 사용하지만, 대신 편백나무를 사용하여 건강성과 내구성까지 높인 제품www.ondollife.co.kr도 나와 있다. 설치도 하루면 충분하다. 한편 전자파를 우려할 수도 있겠지만, 히트파이프 스팀 가열 난방 방식을 사용해 인체에 유해한 자기장전자파가 발생하지 않는다.

제9장

주요 공사 점검 사항

- 전도, 대류, 복사에 대한 개념 이해
- 주요 단열재 제대로 알고 선택하자
- 열관류율, 열전도율, 열저항
- 에너지절약설계기준에 따른 단열재 선택
- 단열의 완성, 기밀시공
- 열반사단열재 시험성적서의 의미
- 만만치 않은 고민거리, 결로와 곰팡이
- 신선한 공기를 공급하는 열회수 환기장치
- 배수관 설비에 꼭 필요한 아이템
- 합류식 하수관로와 정화조
- 집을 다 짓고 보니 물이 없다?
- 주택 내부 전기 배선공사
- 지진에 대응한 내진설계 이해
- 고벽돌 제대로 골라서 선택하라
- 징크 지붕마감 하자를 줄이려면
- 국내 방수공사에 대한 고찰
- 전원주택 수영장 공사에 대하여
- 알면 알수록 어려운 창호 시공
- 주방가구 항목별 구분 점검

전도, 대류, 복사에 대한 개념 이해

단열斷熱을 글자 그대로 해석하면 '열을 끊어낸다'라는 의미이지만, 실제로는 그렇지 않다. 단열의 개념과 단열재의 역할은 열이 전달되는 속도를 최대한 지연시키는 데 있다. 단열재가 없어 실내온도가 실외온도와 1시간 만에 같아진다면, 단열재 사용으로 안팎 온도가 같아지는 것을 5~6시간으로 늦추는 개념이라고 이해하면 쉽다. 이 대목에서 열이 전달되는 방식으로는 전도, 대류, 복사 3가지가 있는데, 이에 대한 사전 이해가 필요하다.

전도 | 전도傳導는 어떤 물질을 타고 열이 전달되는 것을 말한다. 하나의 물질 속에서도 일어나고, 다른 물성을 가진 물체를 이동하기도 하는데 주로 고체에서 일어난다. 우리가 요리하는 프라이팬이나 냄비, 솥뚜껑 등은 이 전도 현상을 이용한 제품이다. 건축에서 사용하는 콘크리트, 목재, PVC, 스틸, 알루미늄 등의 자재는 모두가 전도 현상에 따라 열을 전달한다. 시공사에서 사용하는 유리섬유나 스티로폼, 아이소핑크 등 소위 말하는 모든 단열재는 이 전도 현상에서 일어나는 열의 이동을 최대한 지연시키는 역할을 한다. 물체에는 각각 고유의 열전도율과 열용량이 있어서 열전도율이 낮은 물성을 가진 물체가 단열재 역할을 할 수 있다.

대류 | 따뜻해진 공기는 위로 올라가고, 차가운 공기는 아래로 내려가면서 열이 이동되는 현상이 대류對流의 대표적인 예이다. 주로 기체와 액체에서 일어난다. 이 대류 현상을 잘 활용하여 설계하면 겨울에 따뜻하고 여름엔 시원한 집을 만들 수 있다. 집 안에 바람이 잘 지나가게 만들고 싶거나 환기가 잘 되는 집을 만들고 싶을 때 창문의 위치를 잘 생각해서 설치한다면 대류를 이용한 건강한 주택을 지을 수 있다.

복사 | 복사輻射는 발열체에서 나오는 열에너지가 열선을 투과하는 공간 공기 혹은 진공을 빛과 똑같은 형태로 나아가, 발열체에서 떨어진 다른 물체에 도달하면 다시 열에너지로 변하는 전파에 의한 전열을 말한다. 햇빛이 가장 대표적인 예이다. 복사 현상은 중간에 매개체가 없이 직접 열이 전달되는 현상으로 어떤 물체든 그 온도에 따른 복사열을 방출한다. 검은색 또는 거친 면에 흡수되고, 흰색 또는 거울 면과 같은 매끈한 물체에서는 반사된다.

지구상의 모든 에너지는 태양으로부터 얻는다. 태양이 떠오르면 기온이 올라가고, 떨어지면 기온이 내려간다. 햇볕이 우주 공간을 넘어 지구에 비추는 것은 복사이다. 복사열에 의해 건물의 표면 온도는 올라가고 온도가 높아지면 벽체를 통해 안쪽으로 열은 전달된다. 이를 '전도'라고 한다.

햇볕에 의해 높아진 대기의 공기도 바람에 따라 흐르면서 건물 표면 온도에 영향을 미치는데, 이는 대류에 해당한다. 열은 뜨거운 곳에서 차가운 곳으로 흐른다. 우리나라는 뚜렷한 사계절로 인해 안으로 들어오기도 하고 밖으로 나가기도 한다. 열이 쉽게 나가거나 들어오는 것을 차단해야 한다. 단열재는 더워지고 차가워지는 것에 대항하기 위해 만들어진 것이다.

주요 단열재 제대로 알고 선택하자

시중에 사용되는 단열재는 다양하지만 여기서는 단독주택에서 주로 쓰이는 단열재 중심으로 살펴보도록 한다. 단열재는 크게 글라스울, 미네랄울과 같은 무기질 단열재와 비드법보온판EPS, 압출법보온판XPS, 경질우레탄폼, 수성연질폼과 같은 유기질단열재로 분류한다.

목조주택에 글라스울 가장 많이 쓰여

글라스울을 흔히 '유리섬유'라고 부르기도 한다. 폐유리를 고온에서 녹인 후 섬유처럼 뽑아내 만든 단열재이다. 한편 미네랄울은 '암면'이라고

도 한다. 현무암 같은 돌을 녹인 후에 석회석을 섞은 다음 실처럼 뽑아낸 단열재이다. 흔히 암면하면 석면을 떠올리는 경우가 있는데, 전혀 상관없는 다른 재료이다. 이러한 대표적인 무기질 단열재의 장점은 불에 타지 않고 습기에 강하다는 특성이다. 목구조주택 현장에서는 글라스울을 여전히 많이 사용하고 있는 가운데, 암면에 대한 수요도 점차 높아지는 추세이다.

국내의 제천화재나 의정부화재 그리고 영국의 그린펠화재 이후 외장재로 일반 스티로폼보다 암면을 제안하는 분들이 더러 있다. 사실 외장재 마감에서 가장 먼저 살펴봐야 할 점은 물을 흡수하는 성질의 여부이다. 국내에서 출하되고 있는 암면은 거의 물을 흡수한다. 외장재로 암면을 사용하여 스타코 마감을 해놨는데, 암면이 물을 먹는다면 겨울철에는 물이 얼면서 부피가 팽창하고 이로 인한 수많은 균열이 생길 수 있다. 이는 단열재로서 성능을 잃어버린 거나 다름없다.

유기단열재로 대표적인 게 비드법 보온판EPS : Expanded Poly-Styrene이다. 이른바 흔히들 부르는 '스티로폼'이다. 이는 폴리스티렌 비드Bead; 구슬를 발포에 의해 융착, 성형한 제품으로 가격이 저렴하고 시공성이 뛰어나 가장 많이 사용되고 있는 단열재이다. 다만, 자외선이나 열에 약하다는 단점이 있다. 하얀색 스티로폼보다 단열성능을 강화해서 생산되고 있는 제품으로 '네오폴'이 있는데, 색상은 회색을 띤다.

압출법보온판XPS : eXtruded Poly-Styrene은 흔히 '아이소핑크'라고 부른다. 비드법보온판과 같은 원료인 폴리스틸렌 비드와 발포제를 압출시켜 균질한 셀 구조를 형성한 단열재이다. 압출보온판은 색소에 따라 제조사가 구분된다. 벽산은 분홍색, 금호석유화학은 연노란색, 바스프BASF Co는 연녹색, 다우케미컬은 파란색이다.

스티로폼은 젖어도 단열성능 유지

개중에 스티로폼이 물에 젖으면 단열성이 전혀 없는 것처럼 말하는 이들이 더러 있는데, 이는 전혀 근거 없는 주장이다. 스티로폼에 대한 보다 자세한 연구 자료는 미국의 EPS산업협회 홈페이지에 들어가 보면 쉽게 검색할 수 있다. 스티로폼은 수많은 빈틈이 있어 습기가 일부 들어갈 수 있다. 또 이 재료를 돌로 눌러 놓았을 때 물이 다른 재료보다 더 들어갈 수 있지만 원래 단열성능의 95~97% 수준은 유지한다는 실험결과가 나와 있다. 오히려 압출보온판이 시간이 지나면 스티로폼보다 수분을 많이 흡수하고 단열성이 더 떨어진다는 실험결과가 있다. 압출보온판이 시간 경과로 마감이 탈락할 수 있고, 최대 허용온도 70도 이상에서 부풀어 오르는 하자가 발생할 수 있다는 것은 현장 사용자들의 증언이다. 서로의 재료들을 실험하면서 서로 마케팅에 활용하여 논란이 있지만, 둘 다 성질에 큰 차이는 없는 만큼 장단점을 잘 파악하여 적절히 사용하면 된다.

셀루로우즈와 목섬유단열재

이 밖에도 재생종이를 갈아서 만든 셀룰로우즈 단열재가 있다. 이는 작은 셀룰로우즈 입자를 강한 바람으로 작은 틈새까지 밀어 넣어 충진하기 때문에 기밀 시공이 가능하다는 장점이 있다. 시공 방법은 스터드와 스터드 사이에 부직포 등의 네트를 설치하여 공간을 밀폐한 후 내부 빈 공간에 셀룰로오즈를 채워주는 공법Blown-in-net이 주로 사용된다.

이와 유사한 공법을 사용하는 단열재로는 목섬유단열재가 시중에 나와 있다. 점점 국내에서 많이 사용되고 있는 단열재로는 수성연질스프레이폼과 경질우레탄폼도 있다. 각각 특징이 있는 만큼 시험성적서를 충분히 검토하여 확인 후 사용하기 바란다.

단열斷熱이란 궁극적으로 열의 이동을 지연시키는 것이다. 전도성이 낮은 재료를 사용하여 공기의 이동을 최소화시키는 게 가장 중요하다. 흔히 사용하는 콘크리트주택의 스티로폼이나 목구조주택의 인슐레이션 등은 열의 전달물질인 공기를 머금으면서 이동을 못하게 하는 역할을 한다. 집 단열에 하자가 발생한다면 이는 재료의 문제라기보다는 시공상 문제일 가능성이 높다. 단열 하자는 어떤 재료를 사용하는가보다는 잘못된 시공으로 인해 작은 틈이 생기고 열이 세어 나가면서 벌어지는 현상이다.

열관류율, 열전도율, 열저항

건축물에서 단열은 가장 중요한 요소 중 하나이다. 단열은 전도, 대류, 복사에 의한 열의 이동을 지연시키는 것으로 어떤 단열재를 적용하느냐에 따라 단열성능에 차이가 난다. 단열을 제대로 이해하기 위해서는 좀 알아야 할 것들이 있는데, 가벼운 마음으로 읽어 보시길 바란다.

열관류율 [K | Heat transmittance 단위 : kcal/㎡.h.℃ or W/㎡K]
열관류율이란 열이 벽체를 얼마나 투과하느냐를 수치로 나타낸 것이다. 열 이동의 난이도를 나타내는데, 고체를 통해 한쪽 공기층에서 다른 공기층으로 전해지는 성질을 의미한다. 열관류율은 단위시간$_h$, 단위면적$_{㎡}$에서 벽체 내외부의 1℃ 온도 차에 대한 벽체의 통과 열량을 의미한다. 열관류율을 통해 건축 시 시공되는 단열재의 성능을 확인할 수 있다. 여기서 단위를 주의 깊게 볼 필요가 있다. 단위면적과 시간, 온도에 따라서 벽체를 관통해서 흐르는 열의 비율이 열관류율이라 생각하면 된다. 따라서 열저항의 역수로 표현할 수 있다. 건축 단면처럼 여러 종류의 재료로 구성된 복합체의 전체 벽 두께에 대한 단열성능을 표현한 값이며, 전체 벽체의 단열성능을 알기 위해서는 각 재료의 열저항을 합산한 뒤 열관류율을 계산해야 한다. 열관류율 계산은 열전도율 / 두께로 계산한다. 열관류율이 낮을수록 단열성능이 우수한 단열재이다.

열전도율 [λ | Thermal conductivity 단위 : Kcal/m.h.℃]

열이 재료를 통해 전달되는 비율을 말한다. 건축 단면으로 설명하면 균질재료의 내부 표면에서 외부 표면으로 전달하는 것을 말하며 단위길이당m 1℃의 온도 차가, 단위시간h 동안 단위면적㎡을 통과하는 열량을 나타내는 단위이다. 개념적으로는 열이 전달되어 도착하는 비율 정도로 이해하면 된다. 같은 조건에서 열이 전달되는 것을 수치화한 것으로 물체를 동일하게 열을 가하면 금속체는 열전도율이 높고열이 빠르게 도착, 나무나 단열재는 열전도율이 낮다.열이 느리게 도착 열전도율이 낮을수록 단열성능이 우수한 것이다. 열전도율은 건축재료마다 시험에 의해서 수치화되었기 때문에 이를 기준으로 계산하면 된다.

열저항 [R | Heat resistance 단위 : ㎡.h.℃/Kcal or ㎡K/W]

열저항은 말 그대로 열에 얼마나 저항하느냐를 수치로 정량화한 것이다. 벽체의 재료 두께와 특성에 따른 열저항이며, 여기서 재료의 특성은 앞서 언급한 열전도율이다. 단위열량당Kcal 1시간에 1도씩 차이를 보여주는 단위에 단열재의 두께를 곱하여 산정한다. 동일한 단열재는 두께가 두꺼울수록 열저항이 높아진다.

정부에서 모든 단열성능을 수치화해놓은 이유는 우리나라만 해도 수십가지의 단열재가 있고, 그 성질이 각각 다르다. 좋은 집을 짓기 위해 성능 좋은 단열재를 적용하지만 단열재 단가도 천차만별이다. 건축주가 전혀 내용을 모른다면, 업자들은 당연히 저렴한 단열재를 선택할 확률이 높다. 단열성능을 제대로 모르면 건물은 막상 완성해 놓고 특검을 받을 때 단열성능 미비로 벽체 바닥 단열재 전부를 해체해야 할지도 모르는 일이다. 이와 더불어 에너지절약설계기준에 대한 이해도 필요하다. 우리나라에서는 이 기준에 따라 설계가 진행되고 있다.

에너지절약 설계기준에 따른 단열재 선택

앞에서 열관류율, 열전도율, 열저항에 대해서 알아봤다. 국토교통부에서 고시한 건축물의 에너지절약설계기준 역시도 건축주들의 이해가 필요하다. 이를 자세히 보면 우리나라를 중부1지역, 중부2지역, 남부지역, 제주도로 나눴다. 중부1지역이 가장 추운 곳으로 단열성능이 높다. 상대적으로 제주도는 따뜻한 곳이라 단열재 두께도 얇다. 참고로 중부1지역에는 강원도고성, 속초, 양양, 강릉, 동해, 삼척 제외, 경기도연천, 포천, 가평, 남양주, 의정부, 양주, 파주, 충청북도제천, 경상북도봉화, 청송 등이 해당한다. 우리나라에서 가장 추운 곳만 모아 놨다고 보면 된다.
중부2지역은 서울특별시, 대전광역시, 세종특별자치시, 인천광역시, 강원도고성, 속초, 양양, 강릉, 동해, 삼척, 경기도연천, 포천, 가평, 남양주, 의정부, 양주, 동두천, 파주 제외, 충청북도제천 제외, 충청남도, 경상북도봉화, 청송 제외, 전라북도, 경상남도거창, 함양 등이다.

단열재도 등급이 있다. 가등급부터 라등급까지로 나뉘는데, 가등급 성능이 우수하므로 단열재 두께가 나, 다, 라 등급보다 얇다. 여기서 국토교통부에서 고시한 최근2018. 9. 1. 시행 건축물 에너지절약설계기준을 살펴보도록 하자.

■ 지역별 건축물 부위의 열관류율표

(단위 : W/㎡ · K)

건축물의 부위 \ 지역			중부1지역[1]	중부2지역[2]	남부지역[3]	제주도
거실의 외벽	외기에 직접 면하는 경우	공동주택	0.150 이하	0.170 이하	0.220 이하	0.290 이하
		공동주택 외	0.170 이하	0.240 이하	0.320 이하	0.410 이하
	외기에 간접 면하는 경우	공동주택	0.210 이하	0.240 이하	0.310 이하	0.410 이하
		공동주택 외	0.240 이하	0.340 이하	0.450 이하	0.560 이하
최상층에 있는 거실의 반자 또는 지붕	외기에 직접 면하는 경우		0.150 이하		0.180 이하	0.250 이하
	외기에 간접 면하는 경우		0.210 이하		0.260 이하	0.350 이하
최하층에 있는 거실의 바닥	외기에 직접 면하는 경우	바닥난방인 경우	0.150 이하	0.170 이하	0.220 이하	0.290 이하
		바닥난방이 아닌 경우	0.170 이하	0.200 이하	0.250 이하	0.330 이하
	외기에 간접 면하는 경우	바닥난방인 경우	0.210 이하	0.240 이하	0.310 이하	0.410 이하
		바닥난방이 아닌 경우	0.240 이하	0.290 이하	0.350 이하	0.470 이하
바닥난방인 층간바닥			0.810 이하			
창 및 문	외기에 직접 면하는 경우	공동주택	0.900 이하	1.000 이하	1.200 이하	1.600 이하
		공동주택 외 창	1.300 이하	1.500 이하	1.800 이하	2.200 이하
		공동주택 외 문	1.500 이하			
	외기에 간접 면하는 경우	공동주택	1.300 이하	1.500 이하	1.700 이하	2.000 이하
		공동주택 외 창	1.600 이하	1.900 이하	2.200 이하	2.800 이하
		공동주택 외 문	1.900 이하			
공동주택 세대 현관문 및 방화문	외기에 직접 면하는 경우 및 거실 내 방화문		1.400 이하			
	외기에 간접 면하는 경우		1.800 이하			

1) 중부1지역 : 강원도(고성, 속초, 양양, 강릉, 동해, 삼척 제외), 경기도(연천, 포천, 가평, 남양주, 의정부, 양주, 동두천, 파주), 충청북도(제천), 경상북도(봉화, 청송)

2) 중부2지역 : 서울특별시, 대전광역시, 세종특별자치시, 인천광역시, 강원도(고성, 속초, 양양, 강릉, 동해, 삼척), 경기도(연천, 포천, 가평, 남양주, 의정부, 양주, 동두천, 파주 제외), 충청북도(제천 제외), 충청남도, 경상북도(봉화, 청송, 울진, 영덕, 포항, 경주, 청도, 경산 제외), 전라북도, 경상남도(거창, 함양)

3) 남부지역 : 부산광역시, 대구광역시, 울산광역시, 광주광역시, 전라남도, 경상북도(울진, 영덕, 포항, 경주, 청도, 경산), 경상남도(거창, 함양 제외)

상단의 표를 기준으로 예를 들어 보겠다. 우리 지역은 중부1지역이고 최하층 거실 바닥, 외기에 간접으로 면하고, 바닥난방을 하는 경우를 찾아보면 열관류율을 정부에서 0.210 이하가 되어야 한다고 명기되어 있다.

■ 단열재의 두께

[중부1지역][1)] (단위: mm)

건축물의 부위 \ 단열재의 등급			단열재 등급별 허용 두께			
			가	나	다	라
거실의 외벽	외기에 직접 면하는 경우	공동주택	220	255	295	325
		공동주택 외	190	225	260	285
	외기에 간접 면하는 경우	공동주택	150	180	205	225
		공동주택 외	130	155	175	195
최상층에 있는 거실의 반자 또는 지붕	외기에 직접 면하는 경우		220	260	295	330
	외기에 간접 면하는 경우		155	180	205	230
최하층에 있는 거실의 바닥	외기에 직접 면하는 경우	바닥난방인 경우	215	250	290	320
		바닥난방이 아닌 경우	195	230	265	290
	외기에 간접 면하는 경우	바닥난방인 경우	145	170	195	220
		바닥난방이 아닌 경우	135	155	180	200
바닥난방인 층간바닥			30	35	45	50

[중부2지역][2)] (단위: mm)

건축물의 부위 \ 단열재의 등급			단열재 등급별 허용 두께			
			가	나	다	라
거실의 외벽	외기에 직접 면하는 경우	공동주택	190	225	260	285
		공동주택 외	135	155	180	200
	외기에 간접 면하는 경우	공동주택	130	155	175	195
		공동주택 외	90	105	120	135
최상층에 있는 거실의 반자 또는 지붕	외기에 직접 면하는 경우		220	260	295	330
	외기에 간접 면하는 경우		155	180	205	230
최하층에 있는 거실의 바닥	외기에 직접 면하는 경우	바닥난방인 경우	190	220	255	280
		바닥난방이 아닌 경우	165	195	220	245
	외기에 간접 면하는 경우	바닥난방인 경우	125	150	170	185
		바닥난방이 아닌 경우	110	125	145	160
바닥난방인 층간바닥			30	35	45	50

소중한 우리 집은 적어도 바닥 단열재만이라도 좋은 재료를 깔아야겠다는 마음은 누구나 같을 것이다. 단열재 중 핑크색상인 아이소핑크 특호를 건축주가 염두에 둔다고 하자. 같은 조건으로 중부1지역 최하층 거실 바닥, 외기에 간접 면하고, 바닥난방인 경우를 찾아보니 단열재 등급별 허용두께가 가등급일 때는 145㎜, 나등급일때는 170㎜, 다·라등급일 때는 각각 195㎜·220㎜를 적용하라고 명시되어 있다.

[남부지역][3] (단위: mm)

건축물의 부위 \ 단열재의 등급			단열재 등급별 허용 두께			
			가	나	다	라
거실의 외벽	외기에 직접 면하는 경우	공동주택	145	170	200	220
		공동주택 외	100	115	130	145
	외기에 간접 면하는 경우	공동주택	100	115	135	150
		공동주택 외	65	75	90	95
최상층에 있는 거실의 반자 또는 지붕	외기에 직접 면하는 경우		180	215	245	270
	외기에 간접 면하는 경우		120	145	165	180
최하층에 있는 거실의 바닥	외기에 직접 면하는 경우	바닥난방인 경우	140	165	190	210
		바닥난방이 아닌 경우	130	155	175	195
	외기에 간접 면하는 경우	바닥난방인 경우	95	110	125	140
		바닥난방이 아닌 경우	90	105	120	130
바닥난방인 층간바닥			30	35	45	50

[제주도] (단위: mm)

건축물의 부위 \ 단열재의 등급			단열재 등급별 허용 두께			
			가	나	다	라
거실의 외벽	외기에 직접 면하는 경우	공동주택	110	130	145	165
		공동주택 외	75	90	100	110
	외기에 간접 면하는 경우	공동주택	75	85	100	110
		공동주택 외	50	60	70	75
최상층에 있는 거실의 반자 또는 지붕	외기에 직접 면하는 경우		130	150	175	190
	외기에 간접 면하는 경우		90	105	120	130
최하층에 있는 거실의 바닥	외기에 직접 면하는 경우	바닥난방인 경우	105	125	140	155
		바닥난방이 아닌 경우	100	115	130	145
	외기에 간접 면하는 경우	바닥난방인 경우	65	80	90	100
		바닥난방이 아닌 경우	65	75	85	95
바닥난방인 층간바닥			30	35	45	50

1) 중부1지역 : 강원도(고성, 속초, 양양, 강릉, 동해, 삼척 제외), 경기도(연천, 포천, 가평, 남양주, 의정부, 양주, 동두천, 파주), 충청북도(제천), 경상북도(봉화, 청송)

2) 중부2지역 : 서울특별시, 대전광역시, 세종특별자치시, 인천광역시, 강원도(고성, 속초, 양양, 강릉, 동해, 삼척), 경기도(연천, 포천, 가평, 남양주, 의정부, 양주, 동두천, 파주 제외), 충청북도(제천 제외), 충청남도, 경상북도(봉화, 청송, 울진, 영덕, 포항, 경주, 청도, 경산 제외), 전라북도, 경상남도(거창, 함양)

3) 남부지역 : 부산광역시, 대구광역시, 울산광역시, 광주광역시, 전라남도, 경상북도(울진, 영덕, 포항, 경주, 청도, 경산), 경상남도(거창, 함양 제외)

참고로 남부지방 및 제주도 단열재 등급별 허용두께에 대한 표도 올려 두었다.

■ KS M 3808, 3809에 의한 단열재의 열전도율

재 료 명				열전도율(W/m · k) KS M 3808(발포폴리스티렌단열재)에 의해 23±2℃, KS M 3809(경질폴리우레탄폼단열재)에 의해 20±5℃의 시험조건일 경우
발포 폴리스티렌 단열재	비드법 단열판	1종	1호	0.036
			2호	0.037
			3호	0.040
			4호	0.043
		2종	1호	0.031
			2호	0.032
			3호	0.033
			4호	0.034
경질 폴리우레탄폼 단열재	단열판	1종	1호	0.024
			2호	0.024
			3호	0.025
		2종	1호	0.023
			2호	0.023
			3호	0.024

재 료 명				열전도율(W/m · k) KS M 3808(발포폴리스티렌단열재)에 의해 23±2℃의 시험조건일 경우	
발포 폴리스티렌단열재	압출법 단열판	단열판	특호	0.027	0.029
			1호	0.028	0.030
			2호	0.029	0.031
			3호	0.031	0.033

245

선택한 단열재가 적정한 성능을 지닌 것인가?

건축주가 아이소핑크 특호를 염두에 둔다면 전에 없던 게 생겨난 셈이다. 아이소핑크는 이 표에서 보면 압출법단열판이다. 압출법단열재는 초기열전도율과 장기열전도율이 다르다. 시중에서 흔히 봐왔던 스티로폼은 비드법단열재이다. 표를 다시 보면 아이소핑크$_{압출법}$ 특호의 열전도율은 0.027이다. 다시 정리해 보겠다. 건축주가 중부1지역에 살고 바닥난방을 기준으로 보니 열관류율이 0.21 이하가 되어야 한다고 국토교통부에서 고시했다. 그리고 앞서 용어를 정리하면서 열관류율은 열전도율/두께로 나눈다고 하였다. 간단하게 정리하면 건축주의 집은 단열재를 사용하면서 중부1지역의 열관류율 0.210 이하가 나오면 된다. 그런데 압출법아이소핑크 특호의 열전도율은 0.027이다. 단열재도 등급이 있는데, 가 등급이고 바닥난방인 경우 145㎜를 사용하라고 고시되어 있다. 그렇다면 열관류율은,

열관류율 = 아이소핑크 열전도율(0.027) / 단열재두께(0.145) = 0.1862

국토교통부에서 권고한 0.210보다 훨씬 낮은 값이 나왔기 때문에 문제없이 사용해도 되는 것이다.
지금까지의 계산은 순전히 건축주 입장이다. 시공사 입자에서는 한 푼이라도 줄이고 싶어 한다. 굳이 145㎜를 사용하지 않더라도 해당 기준의 범위를 충족하는 보다 아래 단계의 단열재를 찾아 시공하고자 할 것이다. 계산을 해보면 다음과 같다.
중부1지역 열관류율이 0.210이고, 단열재 아이소핑크 특호가 열전도율이 0.027이었다. 다시 상기표를 찾아보자.

열관류율(0.210) = 열전도율(0.027) / 단열재두께

* 단열재두께 = 열전도율(0.027) / 열관류율(0.210)
* 단열재두께 = 0.1285714286(m)

이를 ㎜단위로 환산하면 단열재 두께는 대략 129㎜로 1㎜를 더해 130㎜ 두께의 단열재로 시공하면 되는 것이다. 참고로 비드법단열재스티로폼, 네오폴은 두께가 600㎜까지, 압출법아이소핑크, 골드폼은 175㎜까지 국내

에서 생산할 수 있다. 그렇다면 200㎜를 바닥에 깔고 싶다고 하면 100㎜ 두 장을 겹쳐 시공해도 무방하다.

요즘은 아이소핑크보다는 네오폴비드법단열재 2종 1호나 2호를 주로 사용한다. 앞서 제시한 표에 단열재가 1호, 2호, 3호, 4호로 나눠져 있는 것을 볼 수 있다. 또한 밀도, 압축강도, 굴곡파괴하중, 투습계수 등도 공인기관에서 더불어 시험하여 정해진다는 것을 참고로 알아두기를 바란다. 특호나 1호는 비싸고 좋은 재료라고 생각하면 된다.

Tip / 네오폴 1호도 계산

열관류율(0.210) = 열전도율(0.031) / 단열재 두께
* 단열재두께 = 열전도율(0.031) / 열관류율(0.210)
* 단열재두께 = 0.1476 × 1,000(㎜로 환산) = 147.6㎜

결론적으로 150㎜를 설치하면 된다.

공사를 마무리하고 최종적으로 사용승인을 신청할 때는 단열재 입고 확인서와 단열재 시험성적서도 첨부되어야 한다. 믿고 맡길 만한 시공사가 없다면 건축주가 직접 해야 하는데, 앞서 설명한 바와 같은 단열재에 대한 정부고시를 무시해버리고 시공이 이뤄진다면 사용승인이 안 날 수도 있다. 다시 한번 숙지해 두시길 바란다.

■ 열관류율 계산을 위한 건축 자재의 열전도율

재 료		열전도율 (W/m · k)	밀도 (kg/m2)
금속계	동	370	8,900
	청동(75CU, 25Sn)	25	8,600
	황동(70Cu, 30Zn)	110	8,500
	알루미늄 / 합금	200	2,700
	강재	53	7,800
	납	34	11,400
	아연도철판	44	7,860
	스텐레스강	15	7,400
시멘트 모르타르	시멘트모르타르 (1:3)	1.4	2,000
	콘크리트 (1:2:4)	1.6	2,200
	KS F4099에 의한 현장타설용 기포콘크리트 0.4품	0.13	300~400
	KS F4099에 의한 현장타설용 기포콘크리트 0.5품	0.16	400~500
	KS F4099에 의한 현장타설용 기포콘크리트 0.6품	0.19	500~700
벽돌	시멘트벽돌	0.6	1,700
	내화벽돌	0.99	1,700~2,000
	타일	1.3	2,400
	콘크리트 블록(경량)	0.7	870
	콘크리트 블록(중량)	1	1,500
석재	대리석	2.8	2,600
	화강함	3.3	2,700
	천연슬레이트	1.5	2,300
석고보드	파티클보드	0.15	400~700
	석고보드	0.18	700~800
목재	목재(輕量)	0.14	400
	목재(中量)	0.17	500
	목재(重量)	0.19	600
바닥재	프라스틱계	0.19	1,500
	아스팔트계	0.33	1,800
방습재료	PE필름	0.21	700
	아스팔트펠트 17kg	0.11	688
	22kg	0.14	762
	26kg	0.22	671
	아스팔트루핑 17kg	0.19	870
	22kg	0.27	920
	30kg	0.34	979
벽지	비닐계	0.27	
	종이계	0.17	700

건축자재 열전도율표이다. 열전도율이 낮을수록 단열성능이 우수한 것이다. 필자가 목조주택이나 일본식 중목구조 시공 시 토대 앵커를 되도록 스테인리스강열전도율 15W/m.k을 사용했던 이유가 열전도율이 강재열전도율 53W/m.k보다 훨씬 낮기 때문이다. 상단의 표에서 금속계를 보면 열전도율이 나와 있으니 참고하면 된다.

단열의 완성, 기밀시공

집짓기 관련 인터넷 카페의 글들을 읽다 보면 가장 많이 거론되는 공정이 단열이다. 그만큼 단열성이 좋은 집을 짓기 위해 고군분투하는 예비건축주들이 많다. 따뜻한 집을 위해 우리는 얼마 두께의 단열재로 시공했고, 옆집은 스프레이폼 단열재로 벽체, 천장까지 전부 뿌렸다는 얘기까지 참으로 다양한 단열 시공 사연을 엿볼 수 있다. 그러나 한편으로는 너무 단열에만 치우치지는 않는지 우려되기도 한다. 아무리 두껍고 성능 좋은 단열재로 시공했더라도 틈새가 생긴다면 자재가 가진 단열 수치는 무의미하다. 같은 재료, 같은 평형의 집이라도 시공사의 기술에 따라 집의 건강함은 차이가 생길 수밖에 없다. 공기의 유출입을 방지하기 위한 기밀 시공이 단열성능 못지않게 중요한 이유이다.

기밀을 위해 내부에 가변형 내벽용 투습방수지를 붙이는 현장 사진이다. 건물이 단열뿐만 아니라 기밀해야 하는 이유는 더운 공기나 차가운 공기가 드나들면서 웃풍을 유발하고 난방비를 높일 뿐만 아니라 틈새로의 공기 유입은 결국은 내부 결로의 원인이 되기 때문이다.

열은 더운 곳에서 차가운 곳으로 흐르는 게 진리이다. 겨울에 집안은 따뜻하기 때문에 외부로 열이 나가려 할 것이고 여름에는 반대로 외부의 열이 내부로 들어오려 할 것이다. 이런 과정에서 동반되는 결로현상이 건물의 수명을 급격히 떨어뜨린다. 단열도 중요하지만 기밀을 강조하는 결정적인 원인이다. 참고로 내부에 가변형 투습방수지를 사용하는 비용은 단열재에 비하면 저렴하고 도배공사보다는 좀 더 높은 편이다. 집짓기의 방향은 갈수록 단열+기밀로 가고 있다.

열반사단열재 시험성적서의 의미

시중에는 수십 가지의 단열재가 나와 있다. 제각각 시험성적서를 앞세워 영업 중인데, 시험성적서를 공인해주는 기관도 많다. 한국화학융합시험연구원, 한국건설생활환경시험연구원, 건설품질평가원, 한국건설기술연구원, 한국산업기술시험원, 한국건설자재시험연구원, 방재시험연구원 등 다양하다. 시험연구소에서는 비용만 내면 해당 제품을 시험해서 성적서를 만들어 준다. 그런데 문제는 이게 반드시 정답이 아니라는 데 있다.

BEYOND ASIAN HUB TOWARD GLOBAL WORLD

TEST REPORT

우 13810 경기도 과천시 교육원로 98(중앙동) TEL (031)853-8072 FAX (031)853-8075

성적서번호 : TAK-2018-194604
대 표 자 :
업 체 명 :
주 소 :

접 수 일 자 : 2018년 12월 20일
시험완료일자 : 2019년 01월 08일

시 료 명 : 발포폴리스티렌 비드법 2종 3호

시 험 결 과

시험항목	단위	시료구분	결과치	시험방법
밀도	kg/m³	-	21	KS M 3808 : 2011
압축강도	N/cm²	-	13	KS M 3808 : 2011
굴곡파괴하중	N	-	34	KS M 3808 : 2011
연소성-연소길이1	mm	-	26	KS M 3808 : 2011
연소성-연소길이2	mm	-	28	KS M 3808 : 2011
연소성-연소길이3	mm	-	25	KS M 3808 : 2011
연소성-연소길이4	mm	-	25	KS M 3808 : 2011
연소성-연소길이5	mm	-	35	KS M 3808 : 2011
연소성-연소시간1	초	-	8	KS M 3808 : 2011
연소성-연소시간2	초	-	11	KS M 3808 : 2011
연소성-연소시간3	초	-	9	KS M 3808 : 2011
연소성-연소시간4	초	-	9	KS M 3808 : 2011
연소성-연소시간5	초	-	10	KS M 3808 : 2011
초기열전도율[평균온도 (23 ± 2) ℃]	W/(m · K)	-	0.033	KS M 3808 : 2011(평판열유계법)

- 용 도 : 품질관리용

- 다음 페이지 -

Park Joo-ick
작성자 : 박주익
Tel : 02-2092-3701

원본대조필

You Seok
기술책임자 : 유석
Tel : 1577-0091(ARS ①→④)

2019년 01월 08일

한국인정기구 인정 KTR 한국화학융합시험연구원장

위변조 확인용 QR code

Page : 1 of 2

KTR KOREA TESTING & RESEARCH INSTITUTE KTR-QP-108-F01-01(11) A4(210 X 297)

◀ 비드법 2종 3호 시험성적서

우선 시험성적서를 비교해 보자. 좌측에는 흔히들 '네오폴'이라고 부르는 단열재의 시험성적서이다. 색상은 주로 흑연 성분이 들어가 있어 회색을 띤다.

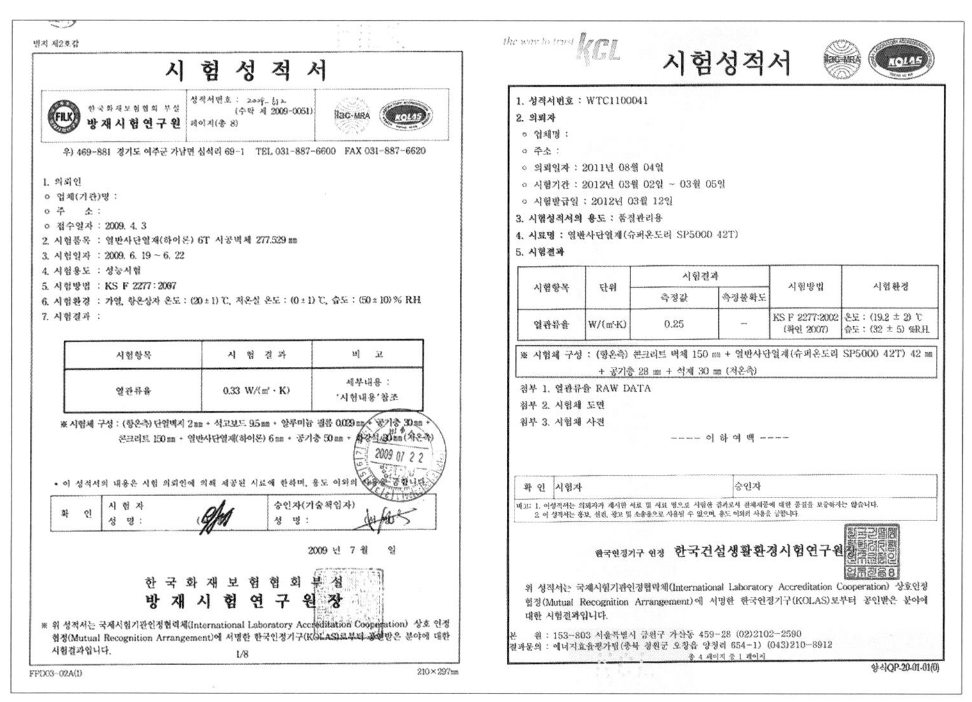

별지 제2호갑

시 험 성 적 서

한국화재보험협회 부설 **방재시험연구원** | 성적서번호 : [illegible] (수탁 제 2009-0051) 페이지(총 8)

우) 469-881 경기도 여주군 가남면 심석리 69-1 TEL 031-887-6600 FAX 031-887-6620

1. 의뢰인
 ○ 업체(기관)명 :
 ○ 주 소 :
 ○ 접수일자 : 2009. 4. 3
2. 시험품목 : 열반사단열재(하이몬) 6T 시공벽체 277.529 ㎜
3. 시험일자 : 2009. 6. 19 ~ 6. 22
4. 시험용도 : 성능시험
5. 시험방법 : KS F 2277 : 2007
6. 시험환경 : 가열, 항온상자 온도 : (20 ± 1) ℃, 저온실 온도 : (0 ± 1) ℃, 습도 : (50 ± 10) % RH
7. 시험결과 :

시험항목	시 험 결 과	비 고
열관류율	0.33 W/(㎡ · K)	세부내용 : '시험내용'참조

※ 시험체 구성 : (항온측) 단열벽지 2㎜ + 석고보드 9.5㎜ + 알루미늄 필름 0.029㎜ + 공기층 30㎜ + 콘크리트 150㎜ + 열반사단열재(하이몬) 6㎜ + 공기층 50㎜ + 화강석 30㎜(저온측)

• 이 성적서의 내용은 시험 의뢰인에 의해 제공된 시료에 한하며, 용도 이외의 사용을 금합니다.

확 인	시 험 자 성 명 :	승인자(기술책임자) 성 명 :

2009 년 7 월 일

한 국 화 재 보 험 협 회 부 설
방 재 시 험 연 구 원 장

※ 위 성적서는 국제시험기관인정협력체(International Laboratory Accreditation Cooperation) 상호 인정 협정(Mutual Recognition Arrangement)에 서명한 한국인정기구(KOLAS)로부터 공인받은 분야에 대한 시험결과입니다.

1/8

FPD03-02A(1) 210×297㎜

the way to trust KGL

시험성적서

1. 성적서번호 : WTC1100041
2. 의뢰자
 ○ 업체명 :
 ○ 주소 :
 ○ 의뢰일자 : 2011년 08월 04일
 ○ 시험기간 : 2012년 03월 02일 ~ 03월 05일
 ○ 시험발급일 : 2012년 03월 12일
3. 시험성적서의 용도 : 품질관리용
4. 시료명 : 열반사단열재(슈퍼온도리 SP5000 42T)
5. 시험결과

시험항목	단위	시험결과		시험방법	시험환경
		측정값	측정불확도		
열관류율	W/(㎡·K)	0.25	-	KS F 2277:2002 (확인 2007)	온도 : (19.2 ± 2) ℃ 습도 : (32 ± 5) %R.H.

※ 시험체 구성 : (항온측) 콘크리트 벽체 150 ㎜ + 열반사단열재(슈퍼온도리 SP5000 42T) 42 ㎜ + 공기층 28 ㎜ + 석재 30 ㎜ (저온측)

첨부 1. 열관류율 RAW DATA
첨부 2. 시험체 도면
첨부 3. 시험체 사진

----- 이 하 여 백 -----

확 인	시험자	승인자

비고: 1. 이 성적서는 의뢰자가 제시한 시료 및 시료 명으로 시험한 결과로서 전체제품에 대한 품질을 보증하지는 않습니다.
2. 이 성적서는 홍보, 선전, 광고 및 소송용으로 사용될 수 없으며, 용도 이외의 사용을 금합니다.

한국인정기구 인정 **한국건설생활환경시험연구원장**

위 성적서는 국제시험기관인정협력체(International Laboratory Accreditation Cooperation) 상호인정 협정(Mutual Recognition Arrangement)에 서명한 한국인정기구(KOLAS)로부터 공인받은 분야에 대한 시험결과입니다.

본 원 : 153-803 서울특별시 금천구 가산동 459-28 (02)2102-2590
결과문의 : 에너지효율평가팀(충북 청원군 오창읍 양청리 654-1) (043)210-8912

총 4 페이지 중 1 페이지

양식QP-20-01-01(0)

▲ 열반사 단열재 시험성적서 / 참고할 만한 두 개 회사의 열반사단열재 시험성적서

쉽게 설명하자면 시험성적에서 구분이 필요하다는 말이다. 일반적으로 사용하는 스티로폼이나 아이소핑크는 달랑 한 장 가지고도 시험성적을 낼 수 있다. 그러나 열반사단열재는 그 자체만으로는 시험이 불가하고 시험체를 구성해야 한다. 위에 제시된 열반사단열재 시험성적서를 보면 열관류율 바로 밑에 시험체 구성으로 단열벽지 2㎜ + 석고보드 9.5㎜ + 알루미늄 필름 0.029㎜ + 공기층 30㎜ + 콘크리트 150㎜ + 열반사단열재 6㎜ + 공기층 50㎜ + 화강석 30㎜로 구성하여 열관류율을 측정했다는 문구가 있다.

시험성적서 의미 그대로 열반사단열재만의 자체 단열성능은 알 길이 없다. 시험체 구성을 보면 공기층이 두 번이나 존재한다. 시험체에서 정지된 공기는 분명 단열성을 갖는다. 하지만 현장 상황은 전혀 달라진다. 공

기가 완전 진공 상태에서는 단열성을 갖지만, 현장에서의 공기는 움직일 수밖에 없는 게 현실이다. 사실 이런 시험성적서는 그냥 실험실에서나 가능한 수치이다. 단열재 역할은 열이 전달되는 속도를 최대한 지연시키는 데 목적이 있다. 거울처럼 복사 현상을 방해하는 자재는 단열재라 할 수가 없으며, 단열재와는 전혀 다른 역할을 하는 물질이라고 보면 된다. 그래서 일본에서는 열반사단열재라고 부르지 않고 열반사차열재라고 하는지 모르겠다.

만만치 않은 고민거리, 결로와 곰팡이

겨울철만 들어서면 각종 맘카페에는 결로에 대한 글들이 단골처럼 등장한다. 날씨가 추워지니 창문에 결로가 생기고, 그 결로가 물이 되어 곰팡이까지 생겼다는 내용이 심심치 않게 매년 늘고 있다. 그 대책에 대한 답들을 보면 실내외 온도차가 원인이니까 환기를 자주 시켜주거나 보일러를 아예 틀지 말라는 조언까지 다양하다. 여하튼 결로를 줄이기 위해 애쓰는 사연들이 안타까울 정도다.

도대체 결로는 어디서부터 문제가 된 것일까? 일단, 더운 공기가 차가운 표면을 만나면 결로가 생긴다는 설명부터 바로 잡아야 한다. 정확하게는 습기를 품은 공기와 차가운 표면이 결로의 정확한 발생조건이다. 결국 같은 얘기 같지만 여기서 '습기'가 관건이다. 더운 공기는 많은 양의 습기를 품을 수 있다. 습기는 차가운 면을 만나면 기체로 존재할 수 없어서 액체, 즉 물로 변한다. 이것이 바로 '결로'이다.

더운 공기와 차가운 표면의 온도차가 결로의 원인이 아니라, 공기 중에 포함된 습기가 차가운 표면을 만나 결로가 생기는 것이다. 그렇다면 결로가 발생하지 않도록 하기 위해서는 딱 두 가지만 주의하면 된다. 유리창의 온도를 높이던가 아니면 실내습도를 낮추면 결로는 발생하지 않는다. 유리창 온도를 높이기 위해서는 난방을, 실내습도를 낮추기 위해서는 환기가 필수이다. 이론상으로 그렇지만 이를 모든 집마다 적용하기는 현실적으로 쉽지 않은 게 사실이다. 요즘 아파트는 전열교환기열회수 환기장치가 있어 그나마 상대습도를 낮추는 데 유리한 편인데, 결로를 막을 수 있는 효과적인 예방책이라 할 만하다.

결로가 단순히 온도 차에 의한 것이라면 여름철 창문 결로는 설명이 불가능하다. 결로는 그 부근의 높은 상대습도와 차가운 표면 온도에 의해 생긴다는 점을 꼭 기억해 두었으면 한다.

곰팡이 발생 원인과 대책에 대하여

돌이켜 생각해보니 중학교 때까지 살았던 시골집에서는 결로나 곰팡이를 찾을 수 없었다. 황소바람이 드나들던 엉성한 내부에선 결로나 곰팡이를 찾아보기 힘들었는데, 첨단 재료를 자랑하는 현대의 집에서 유독 곰팡이가 발생하는 이유는 대부분 습기 때문이다.

옛날 집들은 구조가 분리된 평면을 보인다. 습기가 많이 배출되는 화장실은 본채와 멀리 떨어져 있었고, 늘 솥에 물을 끓이는 부엌 역시 따로 자리 잡았다. 게다가 통풍이 원활하다 보니 습기나 곰팡이가 서식할 만한 환경이 아니었다.

집을 잘 짓고 못 짓고를 떠나 어쩌면 우리 생활습관이 늘 문제를 떠안고 사는 집으로 만드는지 모르겠다. 더구나 우리가 현재 살고 있는 집의 형태는 이 모든 시설이 한곳에 모여 있다. 예전과 달리 부엌도 화장실도 모두 집안에 들어와 있다. 샤워가 일상화되어 있고, 끓이는 게 많은 식단, 이어서 설거지를 하면서 발생하는 습기도 적잖다. 또한 조금이라도 목이 컬컬하면 가습기부터 돌리는 게 습관처럼 당연하다. 이러면 집안의 모든 재료는 습기를 흡수할 것이고, 그 범위를 넘어서면 차가웠던 표면부터 결로가 생기고 결국 곰팡이가 발생하고 만다.

곰팡이는 결로와 밀접한 관계가 있다. 우리 눈에 보이지 않는 결로 중 하나가 벽체 내부에서 생긴다. 벽체를 만드는 데는 다양한 재료층이 결합되어 형성된다. 그 재료층 사이로 습기가 이동하면서 발생하는 결로를 말한다. 벽으로 들어간 공기가 이슬점 이하의 차가운 면을 만날 때 공기에 포함된 습기는 물방울이 되어 구조재를 썩게 만든다. 특히나 벽체 내부에서 발생하는 현상이라 초기에 발견하기가 무척 어렵다.

표면에 발생하는 결로도 주의가 필요하다. 벽체 중 차가운 부분이나 단열성능이 부족한 부분에서 실내 습기가 응축되어 생기는 결로이다. 외벽을 접하는 구석진 부분이나 공기 흐름이 막힌 다락방에서 주로 찾아볼 수 있다. 이것은 외부에서 나타나는 현상이라 곧바로 증상을 감지할 수 있다. 벽체 내부 결로는 먼저 벽체에 공기가 들어가지 않도록 기밀 시공을 하는 것이 결정적인 대비책이다. 또한 벽체가 잘 건조될 수 있는 상태를 유지해야 한다. 한편, 표면 결로는 단열성능이 미비해서 발생하는 게 일반적이라 단열 강화와 열교현상이 발생하지 않도록 하는 게 방지책이다.

현대 주택에서 습기가 발생하는 장소들이 모두 집 안에 있다 보니 무엇보다도 습도 관리가 핵심이다. 부가적인 환기장치가 없다면 하다못해 환기라도 자주 해주는 것이 바람직하다.

신선한 공기를 공급하는 열회수 환기장치

정부가 주택에 관한 건축 정책에서 단열 카드만 뽑다 보니 우리나라 단열 성능에 대한 기준이 과장을 조금 보태 미친 듯이 올라가 버렸다. 단열과 더불어 반드시 함께 고려해야 할 문제가 실내 공기질이다. 단열에만 집중하다 보니 가장 큰 문제인 습기에 대해 소홀한 측면이 있다. 습기는 곰팡이나 결로의 원인으로 거주자의 건강과 직결되는데, 이에 대한 구체적인 대책이 아직 미흡하다.

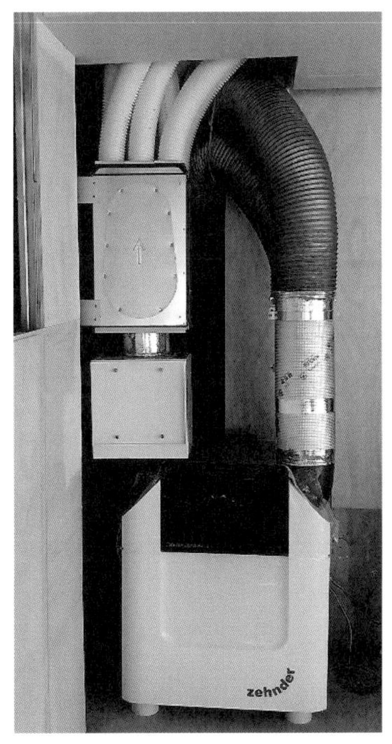

단열 성능의 향상은 그만큼 집이 기밀해졌다는 의미를 내포한다. 목조주택은 그나마 기밀성이 올라가도 습기 문제를 보완할 벽체 구조나 벤트로 대비할 수 있다. 또 나무 자체가 어느 정도 조습 능력을 가진 만큼 결로나 곰팡이에 대한 우려가 적은 편이다. 반면 콘크리트 주택은 단열 성능 강화로 기밀성이 높아지다 보니 습기에 관한 문제가 점점 커져만 간다.

아파트 거주자라면 겨울철 결로에 의한 곰팡이를 실내 어디선가 한 번쯤 겪어

봤을 것이다. 대중화된 아파트 주거문화에서 이런 하자가 빈번하게 일어나자 2013년 이후에 지어진 아파트에는 의무적으로 전열교환기열회수환기장치가 설치되었다.

버려지는 에너지의 최소화

이제는 전원주택에서도 열회수환기장치의 필요성이 증대되었다. 실내의 오염된 공기를 배출시키고, 동시에 신선한 공기를 실내에 공급하는 양방향 환기 시스템으로 냉난방 환기 시 외부로 빼앗기는 열에너지를 다시 회수하여 실내에 공급하는 전열교환Air to air 방식의 열회수 환기 시스템이다. 요약하자면 실내의 따뜻한 공기나 찬 공기를 환기할 때 그냥 버리지 않고 열이나 냉기를 회수하여 순환을 시킬 때 버려지는 에너지를 최소화하는 설비장치이다.

우리가 창문을 닫고 취침하면 CO_2 농도가 최대 3000ppm까지 상승한다. 전 세계의 실내오염 권장치가 1000ppm 이하이다. 이를 위해 창문을 조금 열어놓고 잘 수도 있겠지만, 실제 며칠밖에 되지 않는다. 이를 대신한 설비가 열회수환기장치인 것이다. 주목할 만한 또 다른 장점은 미세먼지를 걸러낼 수 있는 기능이다. 일반적으로 머리카락이 120μm마이크로미터, 꽃가루 30μm, 집안먼지 10μm, 초미세먼지 2.5μm 정도의 크기를 보이는데, 초미세먼지까지 100% 걸러낼 수 있다. 이에 대한 부분은 열회수환기장치 설치 시 여과 필터의 성능을 확실하게 확인할 필요가 있다.

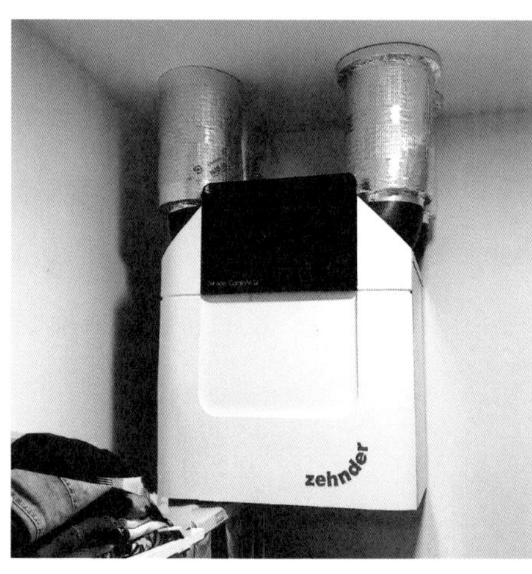

중앙공급형과 개별단독형으로 구분

집 전체를 사용한다면 열회수 환기장치는 보일러실에 두는 게 대부분이다. 용량이 크면 설계 시 설치 위치를 반영하고, 각방으로 환기배관 설치로 인해 층고가 낮아질 수도 있으니 미리 반영하여 계획해야 한다. 요즘은 핵가족이 많다 보니 모든 방에 설치하기보다는 단독형으로 꼭 필요한 방만 설치하는 예도 많다. 다음은 독일산 열회수환기장치에 대한 내용으로 참고할 수 있도록 소개한다.

독립형 작동 방식 (1대의 열 회수 장치)

난방을 한 후 따뜻한 공기는 방에서 나와 70초 사이 밖으로 나가게 되는데 그 이동 과정 중 말리 신선한 공기 열 회수 장치의 세라믹 부분을 난방하게 됩니다. 이 때 이 열 회수 장치가 밖으로 나가는 따뜻한 공기의 방향을 바꾸게 됩니다. 이제 밖에서 들어오는 신선한 공기가 방 안으로 들어가게 되는데, 이 때 열 회수 장치의 세라믹 부분에 저장되어 있던 온기로 따뜻하게 데워지게 됩니다.

대화형 작동 방식 (2대의 열 회수 장치)

한 열 회수 장치가 신선한 공기를 실내로 공급하는 사이 두 번째 회수 장치가 방을 데우고 나온 따뜻한 공기를 밖으로 내보낸다. 이 과정 중, 오래된 공기에 남아 있는 열 에너지는 회수 장치의 세라믹부분에 저장된다. 70초가 지난 후, 환기장치가 공기의 흐름 방향을 바꾼다. 양쪽의 장치들이 무선 연락을 통해 서로 연락을 합니다.

독립형 작동 방식 / 대화형 작동 방식

말리 신선한 공기 열 회수 장치의 장점들 :

- 세라믹 부분의 벌집 모양의 구조는 특히 큰 단면적을 갖고 있어(그림 참조), 그 결과 많은 양의 열이 짧은 시간 내 흐르는 공기로부터 흡수되거나 배출될 수 있다.
- 실내를 데우고 나온 오래된 공기를 추출하는 동안 열 회수 장치 내에서 응결 현상이 일어나 물방울이 생긴다. 기존의 열 회수 장치들의 경우와 달리, 이 응결된 물방울을 반드시 추출할 필요는 없다. 대신 이 습기는 이 환기 장치 시스템이 공기 흐름 방향을 바꾼 후, 밖에서 안으로 들어오는 신선한 공기가 세라믹부분에 남아 있는 열로 데워질 때, 이 공기에 의해 흡수된다. 이것은 실내 공기가 지나치게 건조되는 것을 막고, 방이 쾌적한 상태를 유지할 수 있게, 특히 겨울에도 계속 쾌적한 상태가 될 수 있게 만든다.

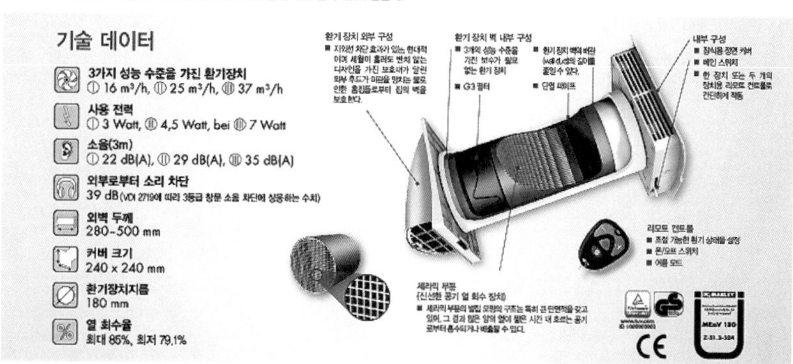

기술 데이터
3가지 성능 수준을 가진 환기장치
Ⓘ 16 m³/h, Ⓘⓘ 25 m³/h, Ⓘⓘⓘ 37 m³/h
사용 전력
Ⓘ 3 Watt, Ⓘⓘ 4,5 Watt, bei Ⓘⓘⓘ 7 Watt
소음(3m)
Ⓘ 22 dB(A), Ⓘⓘ 29 dB(A), Ⓘⓘⓘ 35 dB(A)
외부로부터 소리 차단
39 dB(VDI 2719에 따라 3등급 창문 소음 차단에 상응하는 수치)
외벽 두께
280-500 mm
커버 크기
240 x 240 mm
환기장치지름
180 mm
열 회수율
최대 85%, 최저 79.1%
환기 장치 외부 구성
환기 장치 벽 내부 구성
G3 필터
단열 파이프
내부 구성
장식용 정면 커버
메인 스위치
리모트 컨트롤
온/오프 스위치
여름 모드
세라믹 부품
(신선한 공기 열 회수 장치)
CE
MEnV 180

국내 단독주택에서는 기계실을 만들어 방마다 신선한 공기를 공급하는 천장설치용 방식과 어느 특정 방만 설치할 수 있는 단독형이 있다. 단독형이라고는 하지만 가격이 백만 원이 넘는 제품도 있다 보니, 부담이 적지 않다. 그러나 최근에는 국내산도 많이 선보이고 있어 검색해서 좋은 제품을 설치하기 바란다. 당장 유튜브에서도 다양한 열회수 환기장치에

대한 내용이 적지 않게 소개되고 있다. 그리고 1년에 한두 번은 필터를 교환해야 하므로 이를 감안해 충분한 공간 확보도 필요하다.

배수관 설비에 꼭 필요한 아이템

전원주택에도 당연히 다양한 환기구를 필요로 한다. 벤트Vent 종류에는 박공벤트, 서까래벤트, 용마루벤트, 처마벤트 등이 있다. 이런 벤트들은 습기로부터 구조체의 피해를 방지해 주는 역할을 한다. 그중 기능이 좀 다른 벤트가 하나 있는데, 바로 '스탁벤트Stack vent'이다.

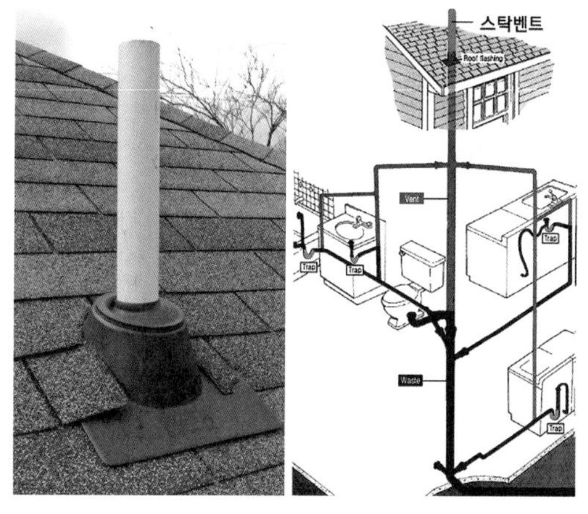

주거 생활을 하면서 화장실, 욕실, 주방에서 생활하수가 발생한다. 이 하수는 배수관을 통해 배출되는데, 이때 기압차를 이용해 배수관 내부의 악취를 지붕으로 배출하는 시스템이 스탁벤트이다. 기압차로 인해 실내 및 지중 매설 파이프의 기체가 위로 상승하는 원리를 이용한 무동력 벤트이다.

물이 가득 찬 물병을 거꾸로 세우면 한 번에 물이 잘 안 내려가지만 반대편에 구멍 한 개 뚫으면 쉽게 물이 빠지는 것을 경험해 봤을 것이다.

이와 같은 원리로 양변기 물이 원활하게 내려가도록 하고 배관의 악취를 밖으로 배출하는 기능의 스탁벤트는 전원주택 신축 시 꼭 필요한 필수 아이템이다.
북미에서는 주로 지붕 위로 빼는 경우가 많지만, 이는 방수에 문제가 있어 보인다. 그래서 종종 벽체로 관을 유도하여 벽체벤트를 만들기도 한다. 사실 국내 현장에서는 의무적으로 설치하는 필수 사항이 아니다. 하지만 스탁벤트의 중요성을 알았다면 꼭 적용해보기를 권한다.

오수관 설치 시 경사도

오수가 자연스럽게 흐르려면 어느 정도 경사가 필요하다. 그런데 여기저기 물어보고 알아봐도 마땅히 어느 정도의 경사각이 가장 적당한지에 대한 내용을 찾기가 힘들다. 막연히 경사를 많이 주기만 하면 배수가 잘될까 하는 의문점을 가지고 깊숙하게 연구를 해봤다.

다음 그림의 맨 위쪽은 경사각이 없는 경우에 오수가 정체되어도 문제가 될 수 있다는 것을 보여준다. 맨 아래 그림은 경사각을 많이 주었을 경우 물이 먼저 빠져나가고 덩어리가 남을 수도 있다는 것을 시사한다. 가

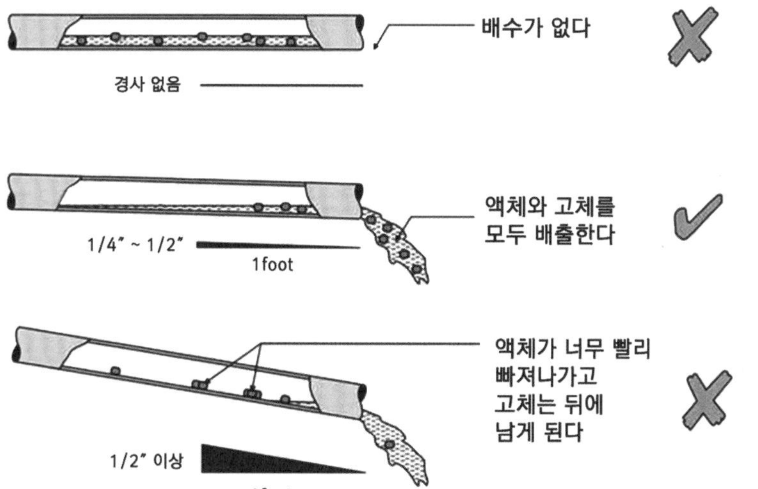
배수가 없다
경사 없음
액체와 고체를
모두 배출한다
1/4" ~ 1/2"
1foot
액체가 너무 빨리
빠져나가고
고체는 뒤에
남게 된다
1/2" 이상
1foot

운데 그림은 1foot대략 30㎝를 기준으로 6㎜에서 12㎜ 경사각을 준 것으로, 가령 배관 길이가 10m라면 대략 20~40㎝의 구배 정도가 바람직하다는 의미이다.

합류식 하수관로와 정화조

집이 완성되고 상수도지하수를 통해 물을 사용하게 된다. 일상에서 사용한 물의 총칭을 '하수'라고 한다. 하수는 오수와 우수로 나뉜다. 건물 내에서 발생하는 분뇨나 생활하수 등을 오수라 칭하고 건물 외부에서 내리는 빗물, 지하수 등을 우수로 구분한다. 이러한 하수관의 종류에는 분류식 하수관거와 합류식 하수관거가 있다.

▲ 분류식 하수도 vs 합류식 하수도

분류식하수관로는 오수와 하수도로 유입되는 빗물이나 지하수가 각각 구분되어 흐르도록 하기 위한 하수관로를 말한다. 반면 합류식하수관로는 오수와 하수도로 유입되는 빗물과 지하수가 함께 흐르도록 하기 위한 하수관로를 지칭한다. 분류식하수관로는 우수와 오수를 별도 관거 설치로 수집하는 방식으로 건물 내 사용하는 오수는 정화조 없이 하수처리장으로 보내지고, 우수는 빗물받이를 통해 하천이나 바다로 흘러 들어간다. 그 때문에 하수도 악취가 없어지는 장점이 있다. 합류식 하수관은 분류식하수관로에 비해 초기 건설비용이 저렴하고 시공이 쉬운 장점이 있다. 하지만 오수와 우수가 합해지다 보니 부하량이 커져서 처리 비용이 많이 드는 단점이 있다. 하나의 관으로 오수와 우수가 혼합되어 유입구에 악취가 발생하기도 한다.

신도시를 중심으로 분류식 하수관로가 확대되고 있으나, 전원주택에서는 합류식하수관로가 많이 사용되고 있다. 합류식하수관로를 사용하면 분해되지 않는 오수가 통과하면서 문제가 발생할 수 있으므로 정화조가 반드시 필요한 것이다.

정화조의 기능을 분뇨를 모아 둔 큰 탱크 정도로 이해하지만, 실은 그렇게 간단하지 않다. 정화조는 내부에서 분뇨를 침전시키고 오수만 하수도를 통해 배출되도록 만드는 시설이다. 내부 침전물이 너무 많으면 혐기성균의 분해가 어려워서 일정 주기마다 분뇨수거차가 펌프질로 분뇨를 수거해 가야 한다.

단독정화조와 합병정화조

단독정화조 | 수세식 화장실이 있는 단독주택 혹은 공동주택에 설치한다. 화장실에서 나오는 오수 중 부유물질을 침전분리작용과 소화작용을 동시에 진행시켜 오수를 정화하는 시설물이다. 산소를 싫어하는 성질의 혐기성 세균이나 산소를 좋아하는 호기성 세균을 통해 정화하는 등 다양한 정화 방법이 적용된다. 이때 수세식 변기에서 정화조로 유입하는 하수의 BOD Biochemical Oxygen Demand : 생화학적 산소 요구량 값은 380ppm 정도인데, 정화를 통해서 이 값을 190ppm 이하로 낮춰야 하천으로 방류할 수 있다. 하지만 단독정화조는 한번 땅속에 묻게 되면 관리가 잘 되지 않기 때문에, 이러한 단독정화조의 단점을 보완한 것이 합병정화조이다.

합병정화조 | 합병정화조는 가정에서 배출되는 분뇨와 생활배수 주방하수, 목욕 및 세면하수, 세탁하수 를 즉시 처리할 수 있다는 장점이 있다. 상수도 관리지역에서는 합병정화조가 필수이다.

단독정화조는 화장실 대소변 배관만 정화조로 유입하고 합병정화조는 주택에서 사용하는 모든 물 단, 우수배관 제외 을 정화조로 유입한다. 정화조가 현장으로 들어오면 설치 전 터파기 후에 침하 방지를 위해 기초는 콘크리트 타설을 해야 한다. 또한 환기구는 지상에서 2m 이상 높게 한다.

Tip / 정화조 규격과 확인

Q. 전원주택 시공 시 어떤 종류의 정화조를 설치해야 하나?

A. 인허가 시 지역에서 설치 종류와 규격이 정해진다.

Q. 살고 있는 집의 정화조 종류를 확인하려면

A. 건축물관리대장 뒷면에 정화조에 대한 설명과 용량이 나와 있다.(증축 시 활용)

집을 다 짓고 보니 물이 없다?

아파트 층간 소음이 싫어서, 자녀들의 교육을 위해, 반려동물 때문에, 남은 삶을 조용하고 편안하게 보내려고 등등…. 전원주택을 선택한 이들의 이유는 다양하다. 그러나 아무리 좋은 땅에 좋은 집을 마련해도 가장 우선 확보해야 할 것이 있다면 물과 전기, 가스, 통신 등 기본적인 기반시설이다.
만약 기반시설이 너무 멀리 떨어지거나 미비하다면 집짓기보다 정작 기반시설 확보에 지쳐버릴 수도 있다. 착공허가가 나고 현장이 개설되면 맨처음 들어와야 할 조건이 물과 전기이다. 어느 현장이든 신축건물을 짓다보면 상수도를 편안하게 확보하기가 쉽지 않다.

전원주택에서 물을 얻을 방법은 인근 상수관에 연결하는 방법이 우선이다. 다음으로 직접 지하수를 개발하는 방법이 있다. 도심지와 가까운 곳이라면 담당 수도사업소에 신청하면 되는데, 이때 착공신고허가필증이 구비되어야 한다. 신청하고 2~4일 후에 현장에 상수도 배관 담당자가 와서 수도계량기를 놓을 위치를 알려달라고 한다. 담당자는 가장 가까이 있는 급수관에서 신축주택 수도계량기까지의 거리를 측정해 설치비에 대한 영수증을 발급한다. 그 금액을 은행에 입금하면 상수도 시공업체가 현장에 와서 수도계량기를 설치해 주는데, 이때부터 물을 사용할 수 있다.

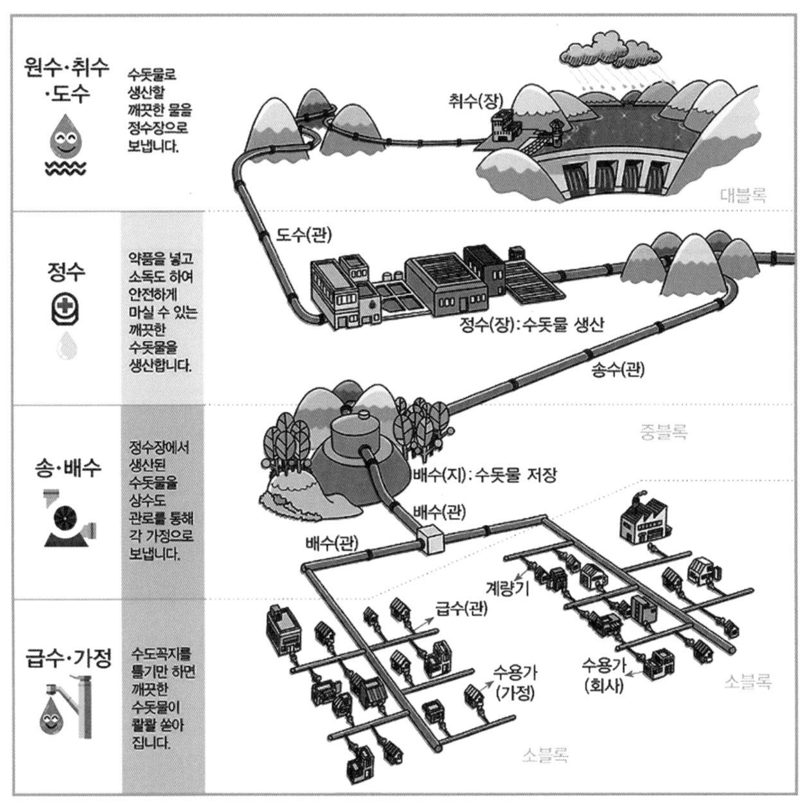

원수·취수
·도수
수돗물로
생산할
깨끗한 물을
정수장으로
보냅니다.
정수
약품을 넣고
소독도 하여
안전하게
마실 수 있는
깨끗한
수돗물을
생산합니다.
송·배수
정수장에서
생산된
수돗물을
상수도
관로를 통해
각 가정으로
보냅니다.
급수·가정
수도꼭지를
틀기만 하면
깨끗한
수돗물이
콸콸 쏟아
집니다.
취수(장)
대블록
도수(관)
정수(장): 수돗물 생산
송수(관)
중블록
배수(지): 수돗물 저장
배수(관)
배수(관)
계량기
급수(관)
수용가
(가정)
수용가
(회사)
소블록
소블록

▲ 우리나라 상수도 시스템

지하수 관정 시 수질검사 필수

가장 가까운 상수관에 연결해 지정장소까지 터파기를 하여 수도계량기를 설치해 주는데, 멀수록 공사비용은 올라간다. 각 지자체마다 다르지만 m당 15만~20만 원 정도이다. 수도계량기를 최대한 가까운 곳에 설치하는 게 공사비 면에서 절감할 수 있는 방법이다.

만약 상수도공사가 어렵다면 지하수를 사용해야 한다. 이를 관정작업이라고 하는데, 땅속에 관을 매설하여 관을 통하여 지하수를 끌어올린다. 관정 속에는 수중모터가 들어가는데 소모품으로 대개 5년 정도 사용한다. 모터 설치 시 수명과 A/S 기간도 알아두어야 한다. 관정 작업 시에는 수질검사가 동반되어야 한다.

Tip / 사용승인 시 필요 서류

시공 시 미리 준비해 두었다가 공사가 완료될 즈음 곧바로 설계사무소에 넘겨야 하루라도 빨리 사용승인을 받을 수 있다.

① 오수처리시설 및 정화조 준공필증 / ② 전기 사용 전 검사필증 / ③ 통신검사필증 /
④ 가스사용검사필증 / ⑤ 상수도 급수공사 영수증(급수공사하시고 영수증 보관) /
⑥ 보일러 설치 확인서 / ⑦ 온돌 및 난방 설치 확인서 / ⑧ 절수 설비 설치 확인서 /
⑨ 단열재 납품확인서 및 시험 성적서 / ⑩ 고용 및 산재보험 가입증명서 /
⑪ 폐기물 처리 확인서 / ⑫ 각방 열감지기 및 소화기 설치 사진 /
⑬ 건축물 사진(동서남북) / ⑭ 주차장 사진 / ⑮ 우편물 수취함 사진 /
⑯ 건물 현황측량성과도

주택 내부 전기 배선공사

전기를 공급받는 데 필요한 공사는 외선공사와 내선공사로 구분된다. 한국전력과 사용자 간 일련의 전기 설비를 접속하면서 전기 사용 거래가 이뤄진다. 그 접속점이 곧 전기를 공급, 사용하게 되는 수급지점이 된다. 수급지점까지의 전기 공급 설비는 한전에서 시설을 소유하고, 수급지점 이후 전기 설비는 사용자가 시설 소유와 유지 보수를 한다.

수급지점까지 한전에서 시공하는 전기설비공사가 외선공사이고, 수급지점 이후 사용자가 시공하는 전기설비공사를 내선공사라고 한다. 외선공사는 전선로 설치와 전주로부터 인입선 연결점까지의 공사라 보면 된다. 인입선 연결점에서 전기 사용 장소 내 인입 개폐기까지 인입구 배선 및 배진함 설치공사, 주택 내부 배선공사는 내선공사에 해당한다. 내선공사는 전기전문업체를 선정하여 진행한다.

예전에는 전기기구들의 소비전력이 크지 않아 가정용 전기는 3kW나 5kW 정도면 무난했다. 그런데 최근에는 소비전력이 큰 전기쿡탑과 같은 전기기구를 가정에서 많이 사용하면서, 전원주택의 경우 10kW를 신청하는 경우가 늘어나는 추세이다. 연결 방법은 지상 또는 지중에 공사를 한다. 지중공사는 땅을 파고 전기선을 집안으로 연결하는 만큼 지상 연결보다 시공비가 더 비싸다. 아래는 한전www.kepco.co.kr에 있는 기본시설부담금 표이다.

■ 기본시설부담금(부가가치세 불포함)

구분		금액	
		공중공급	지중공급
저압	매 1계약에 대하여 계약전력 5kW까지	220,000원	421,000원
	계약전력 5kW 초과분의 매 1kW에 대하여	86,000원	98,000원
고압 또는 특별고압	신증설 계약전력 매 1kW에 대하여	17,000원	35,000원

■ 거리시설부담금 (부가가치세 불포함)

구분			금액		
			공중공급		지중공급
			단상	삼상	
신설거리 부담금	기본거리를 초과하는 신설거리 / 매 1m에 대하여	저압	39,000원	43,000원	60,000원
		고압 또는 특별고압	43,000원		110,000원
첨가거리 부담금	기본거리를 초과하는 첨가거리 / 매 1m에 대하여	저압	5,000원		-
		고압 또는 특별고압	10,000원		-

* 1m 미만의 끝자리 수는 버린다.
* 삼상으로 공급하기 위하여 기존 단상 배전선로에 첨가공사를 하는 경우에는 첨가거리시설부담금 단가를 적용한다. 다만, 지중 배전선로인 경우에는 신설거리시설부담금 단가를 적용한다.

전기사용용량 감안해 수용 신청해야

주택 신축 시 처음에는 임시전기를 신청하여 공사용 전기로 사용한다. 내선공사가 완료되면 정식으로 전기사용신청서를 구비하여 관할 한전에 신청한다. 신청 시에는 건축주 이름으로 해야 하는데, 실제 사용자가 신청해야 전기 공급을 해준다. 이른바 '한전 불입금한전시설부담금'이라는 게 앞서 소개한 표준시설부담금표에 의해 금액이 부과된다.

전기신청을 해서 시설분담금을 납부하고, 사용 전 점검을 받은 후 계량기를 설치하면 송전으로 보면 된다. 일반적으로 5kW 이하, 5kW 초과 시 구비서류가 다르므로 사전에 한전 담당자에게 문의하는 게 좋다.

전기 작업자와 협의하여 주택별 전기사용용량을 계산하여 수용 신청을 해야 한다. 신청 시에는 약간 여유롭게 신청하는 게 유리하다. 설치해 놓고 차단기가 빈번하게 떨어져서 증설해야 할 경우 추가비용이 발생하기 때문이다. 처음에 임시전기를 신청할 때는 통장사본을 한전에서 요구한다. 이유는 임시계량기 보증금을 건축주가 내야 하는데, 나중에 본 계량기를 설치하면 보증금은 돌려받을 수 있다. 보증금에서 미납전기나 계기변상금 등을 대체한 잔액을 환불해준다.

전기 사용 해지 신청 시에는 보증금 납부 영수증을 함께 제출하면 된다. 신규 신청 시 통장사본을 제출하였다면 자동 입금되므로 혹시 안 들어왔을 경우에 확인해볼 필요가 있다.

Tip / 거리시설 부담금

지상 전봇대로부터 설치 시 200m까지는 기본거리이며, 지중으로부터는 50m가 기본이다. 그 이상은 인입비가 추가된다. 전기인입비용은 한전에 신청한다.

예제) 200m까지는 무료이고 1m당 약 5만 원이 추가된다. 사유지에 전신주를 세워야 할 때는 소유자 동의가 필요하다. 예를 들어 기존 전신주에서 집까지 400m 거리라면,
☞ (400-200)×5만 원 = 1천만 원

Tip / 전화신청비용(KT / LG / SKT 신청)

기본 통신주에서 80m(통신주 2개)까지는 무료이다. 80~200m는 통신주 1개당 약 10만 원(통신주 한 개당 거리 40m)이 추가되고, 200m 이상의 거리는 통신주 1개당 약 40~50만 원이 추가된다.

예제) 기존 통신주에서 집까지 400m 거리일 때,
☞ 계산방법 : 400 / 40 = 통신주 10개 필요
(5개 × 10만 원 : 200m까지) + ([5개-기본 2개]×40만 원) = 170만 원

지진에 대응한 내진설계 이해

어느 날 한통의 전화를 받았다. 지진 규모 7에도 견딜 수 있는 집을 지을 수 있는가 하는 질문이었다. 내진설계란 지진에 저항하는 최소한의 가이드라인으로 모든 지진에 견딜 수 있는 게 아니다. 내진설계는 구조기술사가 한다. 그들도 얼마의 지진 규모에 견디는 설계가 아닌, 미리 정해진 각 지방의 지진 구역 계수에 의한 프로그램에 따를 뿐이다. 내진설계 절차는 지진하중부터 시작해 마지막으로 층간변위까지 산출해낸다.

지진에 조적조건물이 취약한 것은 동서양을 막론하고 매한가지이다. 벽 두께라 해봤자 0.5B 쌓기는 대략 9㎝ 정도이다. 더구나 수직줄눈이나 접합부 상태의 불량, 상하부 슬래브 결합 상태나 연결철물, 앵글 등의 미사용, 벽돌 자체가 줄눈의 몰탈 전단응력으로만 버티다 보니 취약할 수밖에 없다.

기둥과 보의 연결성이 내진성 좌우

이전에 경주 지진으로 기와가 떨어져 나간 현장의 모습이다. 구조적으로 해석해보면 주춧돌 위에 놓인 기둥 구조인 자유단이 기초와 기둥이 단단히 고정된 고정단보다 지진에 4배나 더 취약하다. 지진을 견디는 데

는 기둥과 보의 접합부 긴결이 중요하다. 이곳이 지진에 쉽게 부러진다면 인명 피해는 뻔하다. 필자는 지붕의 기와는 과거에 지진을 겪으면서 고안해 낸 지붕재가 아닐까 짐작한다. 기둥이나 보가 자유단으로 지진에 의해 심각하게 움직일 상황을 대비해 지붕에 일부러 무거운 하중을 올려 기둥과 보가 안정적으로 버티게 한 것이 아닐까 하는 생각이다.

내진설계를 제대로 했다손 치더라도 그 설계값 보다 더 큰 지진이 발생한다면 결국 붕괴될 수밖에 없다. 지진 규모 7.0을 견디기 위해서는 콘크리트 압축강도, 철근의 항복강도, 인장강도가 매우 높은 재료들로 구조물을 짓고 기둥의 단면적이나 벽체의 강성값을 높이는 등 여러 방법이 있을 것이다. 여하튼 내진설계의 가장 원초적인 목적은 사람 생명의 안전을 보장하는 구조여야 한다는 점이다.

내진설계는 강한 지진에 대응한 더 강한 구조물을 시공하는 것보다는 기능을 상실하더라도 폭삭 주저앉는 급작스러운 붕괴를 방지하도록 설계하는 것이다. 대표적인 '강기둥-약보시스템'이 있다. 기둥이 파괴되면 건물 전체가 붕괴하므로 보의 강성을 기둥보다 작게 해서 보부터 서서히 파괴되도록 하여 사람이 탈출할 수 있는 시간적 여유를 확보하도록 설계하는 개념이다.

고벽돌 제대로 골라서 선택하라

우리나라에서 외장재하면 스타코, 석재, 알루미늄 복합패널, 일본 수입 세라믹류, 벽돌재가 대부분인 것 같다. 이중에서 최근에도 전원주택에서 제법 많이 사용하고 있는 벽돌에 대해 생각해본다. 필자는 현장에 새로운 자재가 들어오면 우선 시험성적서부터 받아본다. 그런데 수많은 재료 중 중국에서 출발해 평택 포승공단을 통해 들어오는 고벽돌 제품은 시험성적서라는 것 자체를 받아 본 적이 한 번도 없다. 이유는 상상에 맡기겠다. 대개 벽돌류의 시험성적은 압축강도 시험과 흡수율 시험을 실시한다. 강도는 높을수록 뛰어난 것이고, 물에 대한 흡수율은 낮을수록 좋다. 일반적인 시방서에서는 KS규격이 정해져 있다.

◀ 고벽돌을 우리나라로 보내기 위한 해체 작업 사진이다.

2000년대 초 카페나 레스토랑에서 고풍스러운 분위기를 내기 위해 사용했던 벽돌이 이제는 전원주택에서 보편화된 실정이다. 그렇지만 최근에 일부 외국에서 들여오는 고벽돌이나 청고벽돌의 유통과정을 한 번쯤 매스컴에서 파헤쳐 봤으면 한다. 필자는 여러 자재상과의 교류를 통해 음지의 유통과정을 전해 들었으나, 이런 벽돌을 내부 인테리어까지 적용한다면 사실상 위생 상태 등을 포함해 면밀하게 점검해 봐야 한다. 선택은 건축주 몫이기에 도면에 고벽돌, 청고벽돌이 명시되어 있다면, 시공사는 단가를 생각하기 전에 여러 샘플들을 구비해 건축주와 함께 제대로 된 제품을 선정하는 데 주력해야 하지 않을까 싶다.

국내 벽돌도 다양한 규격과 디자인 선보여야

사실 우리나라 벽돌회사들이 대부분 어려운 게 사실이다. 90년대만 해도 많이 사용했던 벽돌이 대부분 아파트 주거문화로 바뀌고 난 후, 벽돌회사들이 기하급수적으로 줄었다.90년대 초 140~150개 업체가 현재 30여개 정도

물론 벽돌회사들이 다양한 제품과 디자인을 선보이는 데 소홀히 한 점에 대해서도 자성이 필요하다고 본다. 단적인 예가 표준벽돌190*90*57이다. 이제는 이 규격을 벗어날 때도 됐다. 왜 이 규격만 주야장천 만들어 내는지 이유를 들어보고 싶다. 시공하다 보면 좀 더 멋들어진 집을 짓기 위해 여기저기 벽돌을 찾다보면 자연스럽게 외국산 벽돌에 손이 간다. 규격이 참 다양할 뿐만 아니라 색상도 선택지가 많아 고르기가 힘들 정도다. 또한 꼭 외벽용에 한정하기보다는 바닥용도 선보이고 있다.

국내 벽돌 시장의 방향은 이제 단독주택으로 옮겨오지 않았나 싶다. 대량생산보다는 다품종 소량생산이 더욱 필요한 시기이다.

▲ 우리나라는 두께 30㎜ 석재들이 왜 많은지 모르겠다. 이를 주차장에 까는 분들도 있는데, 1년도 못 가 모두 깨지는 곳이 너무 많다. 위 사진은 중국 자금성 바닥 보수 공사이다. 이 정도는 해야 차량이 왕래해도 전혀 깨지는 일이 없을 것이다.

천년을 이어온 벽돌이 대기업 위주의 아파트 앞에서 무너진 셈이다. 우리나라 벽돌회사들도 중국에서 엄청 들어온 고벽돌을 비난만 할 게 아니라 왜 그런 벽돌을 수요자가 찾는지 원인을 파악하고, 더 우수한 디자인이 가미된 벽돌들을 생산해 내기를 기대한다. 나아가 벽돌만 생산、판매할 게 아니라 내진을 고려해 각종 앵글이나 타이 등 자재에 관한 연구도 병행되기를 바란다.

징크 지붕 마감 하자를 줄이려면

2005년 무렵만 하더라도 지붕재는 주로 아스팔트 싱글이나 기와가 대부분이었다. 아스팔트 싱글의 경우 대부분 목구조를 시공하던 빌더들이 지붕 공사와 병행하여 시공하는 경우가 많았다. 당시 별다른 시공 지침이 없어도 용마루에 지붕벤트는 필수로 자리 잡기도 하였다. 그로부터 몇 년이 지나 지붕의 새로운 디자인을 선호하는 분들의 요청으로 징크공사를 맡게 되었는데, 소리소문없이 전국 현장으로 퍼져 나가게 되었다.

싱글과 징크를 비교해 볼 때 사실 징크 지붕이 하자 위험이 큰 공사이다. 때문에 징크 시공은 현장의 일반 빌더들이 손을 댈 수 없고, 전문인력을

필요로 하는 공정이다. 분명한 것은 건축의 디자인적인 측면에서 징크 지붕을 선택하더라도 지붕의 기능성 확보가 전제되어야 한다는 점이다.

습기가 배출될 수 있는 벤트층 형성 필수

상식적으로 생각해보자. 징크 밑에는 단열재가 설치된다. 아무리 완벽한 단열을 해도 어디선가 따뜻한 습기가 올라온다. 반면 외부는 한겨울이라 몹시 춥다. 그렇다면 환경적으로 차가워진 징크류 표면에 결로가 생기거나 또는 안쪽에도 온도차에 의해 결로가 맺히기 쉽다. 그렇다면 자연현상에 의해 생겨난 결로수는 어떻게 될까? 이런 현상은 모든 금속류 외장에서 흔히 볼 수 있다. 징크류의 물성을 제대로 이해 못하고 외장 디자인과 특성만 강조하다 보면 얼마 못 가 하자가 발생하게 될 게 뻔하다. 가장 효과적인 방법은 되도록 결로수를 빠르게 배출해야 하는데, 징크지붕에 벤트조차 없는 집을 적잖게 봐왔다.

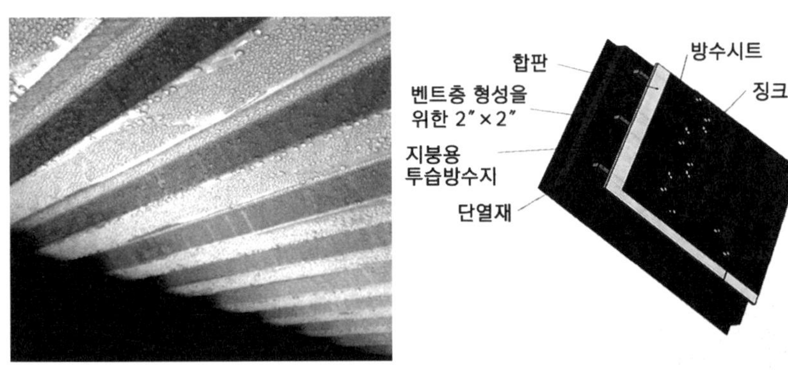

▲ 징크류 안쪽으로 결로에 의해 습기가 찬 모습 / 습기 배출을 위한 싱크 시공단계의 설명

벤트는 집안에서 지붕으로 올라간 습기를 외부로 빠져나가도록 하는 장치이다. 지붕이 웜루프 방식이라면 괜찮다는 이도 있을지 모르겠다. 그래도 벤트는 설치해야 한다. 습기가 고이다 보면 목재에 손상을 주고 결

국에는 지붕재에 해를 끼친다. 이런 하자를 줄이기 위해서는 앞서 강조한 바와 같이 Vented Frame Roof 방식의 지붕이 합리적이다. 상단 우측에 제시한 방식은 국내에서 설계를 좀 아는 분들이라면 이런 디테일로 설계를 한다. 장점은 확실한 벤트층을 만든다는 데 있다. 이런 시공이 어렵다면 차선책으로 다음의 델타-멘브레인을 이용한 벤트 시공이 추천된다.

위 사진을 보면 징크류 하단에 깐 작은 돌기 같은 게 보일 텐데 높이는 10㎜ 정도이다. 이를 적용하고 용마루 벤트를 만든다면 결로 예방에 한층 도움이 된다. 이러한 벤트 없이 합판이나 방수시트 위에 징크를 바로 시공한다면 징크 수명은 단축되고 결로수로 인한 하자 위험은 높아질 것이다.

국내 방수공사에 대한 고찰

방수하면 떠오르는 공법에는 액체방수, 아스팔트방수, 시트방수, 도막방수, 복합방수 등이 있다. 거의 모든 주택의 설계도면에 지붕마감은 도막방수라고 명기되어 있다. 도면대로 시공했는데, 만약 3년 후에 누수가 된다면 누구의 책임일까? 설계자는 시공사의 책임을 물을 것이고, 시공사는 설계도면대로 시공했을 뿐이라고 할 것이다.

방수는 분명 중요한 공정인데, 너무 쉽게 다뤄지는 게 아닌가 싶어 꺼낸 주제이다. 필자 역시 많은 시행착오를 겪었고, 그 가운데 얻어낸 방수시공법을 논하고자 한다.

몇 해 전 일이다. 건축사 자격증을 취득한 지 몇 해 되지 않은 젊은 건축사로부터 고맙게도 시공 견적을 요청받았다. 견적을 위해 도면을 받아 한참을 검토하다가 지붕에 명기된 '에폭시방수'를 발견하게 되었다. 결론적으로 에폭시방수는 지붕에 사용하면 안 되는 방수이다. 단 한 번이라도 시방서를 읽어본 경험이 있는 분이라면, 에폭시방수는 지하저수조 물탱크실이나 주차장, 공장 바닥 강화제 정도에나 적용할 대상이다.

옥상 등에 에폭시방수를 쓰면 자외선으로 인해 균열이 발생하고 만다. 그래서 평지붕 슬래브에 주로 사용하는 옥상 방수는 우레탄방수이다. 이런 이유로 방수업체가 운영되는지 모르겠다. 3~4년에 한 번씩은 방수 의뢰가 들어오니 말이다. 개중에 도저히 해결점을 못찾은 집주인의 경우 심하게는 평지붕에 각 파이프를 세우고 플라스틱 기와로 박공지붕을 만들어 버리는 웃지 못할 일도 간혹 목격되곤 한다.

수축팽창에 의한 도막방수 크랙 많아

액체방수는 사실 우리나라에만 있다. 건축기사 초년 시절 방수를 제대로 하려고 건축표준시방서를 봤더니 9차 혹은 12차라는 표기가 있어 도대체 몇 번을 해야 액체방수가 완성되는지 의아했던 기억이 난다. 제각각인 시방서 상의 방수가 아닌 정부 차원에서 표준을 정하고, 재료들도 인증하여 KS 기준을 마련하는 조치가 필요한 분야가 방수이다.

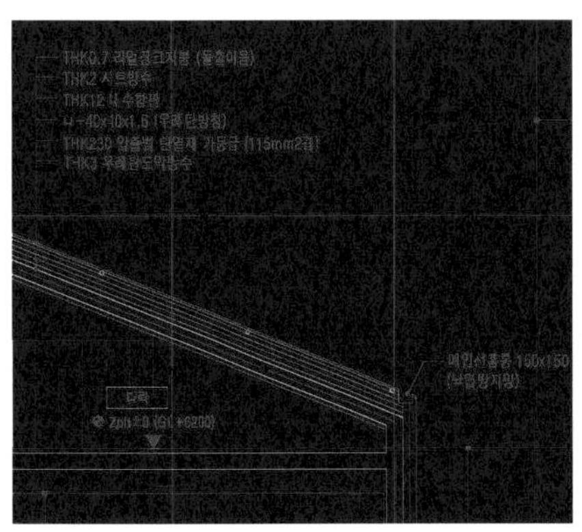

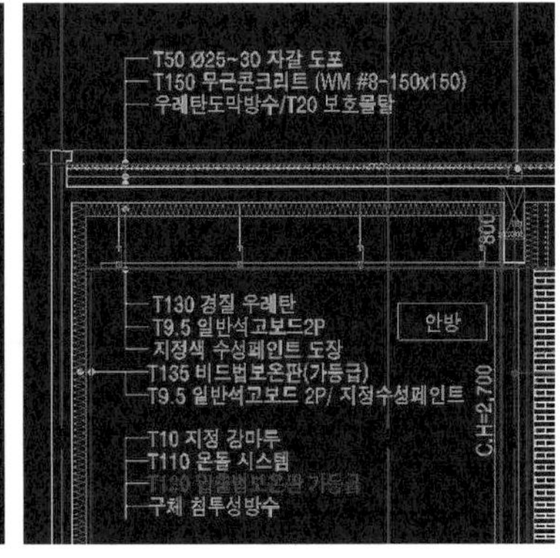

위 도면을 보면 단면에는 우레탄방수나 도막방수가 지붕방수의 표준 같다. 도막방수는 폴리우레탄계를 주로 사용하는데, 주로 주제와 경화제를 혼합하여 도포하는 방식이다. 단점이라면 두께가 균일하지 않고, 간혹 주제와 경화제의 혼합비율을 제대로 적용하지 못하는 방수공이 많다는 문제가 있다. 분명히 이 방수제가 나쁜 것은 아니지만, 시공사로서는 늘 고민되는 게 온도 변화에 따른 수축팽창을 어떻게 감소시킬 것인지에 대한 해결책이다. 누수가 있는 슬래브를 검사해보면 수축팽창으로 인한 도막방수가 깨져 있는 부분이 다반사이기 때문이다.

서울 종로에서 오피스텔 공사를 한 적이 있다. 도면대로 순조롭게 시공하고 사용승인까지 마쳤는데, 1년 후 슬래브에서 누수가 발생했다는 건축주 전화를 받았다. 현장에 가보니 도막방수에 누름콘크리트를 치고 줄눈컷팅까지 해놨는데, 어디서 누수가 되는지 도대체 육안으로는 찾을 수가 없었다. 그래서 파라펫Parapet; 옥상이나 평지붕 베란다 주위 난간이나 흉벽과 누름콘ㅋ리ㅌ가 만나는 부위를 할석해 봤다. 지금 생각해ㄷ 어이없는 얘기지만 누름콘크리트의 수축팽창으로 인해 파라펫을 밀어냈다고 해야 할까?

슬래브 1차, 파라펫 2차로 타설하고 방수 후 누름콘크리트 공정 순서는 맞지만, 슬래브와 파라펫으로 이어지는 부위에서 누수가 되고 말았고 도막방수도 깨진 것이다. 그 이후부터는 파라펫 부위의 마감을 우습게 볼 수 없었다. 도면에 주로 두께 120㎜ 철근 단배근으로 그려졌더라도 최저 150㎜ 두께 철근에 복배근으로 시공한다. 그리고 옥상 슬래브 누름콘크리트가 있으면 조금이라고 수축팽창을 감소하기 위해서 파라펫 외벽에는 아이소핑크 10㎜라도 누름콘크리트 높이에 맞게 덧댄 다음 누름콘크리트를 치고 있다. 실제 누름콘크리트가 파라펫을 밀어내는 것을 봤기 때문이다.

최근 시트방수는 복합방수로 보완하는 게 일반적

필자가 선호하는 방수는 이렇다. 우선 지붕의 방수는 외기에 노출될 수밖에 없는 상황에서 기후 영향이나 재료의 신축에 대응할 수 있는 공법이 좋은 방수라고 생각한다. 시공 경험이 가장 풍부했던 방수가 아스팔트방수가 아닐까 생각한다. 이 방수는 주로 아스팔트 방수와 부직포의 혼합에 달렸다. 바탕면 청소를 하고 프라이머를 칠한 뒤 경화되면 메쉬를 깐다. 다시 방수하고 그 메쉬 조인 부분에 메쉬를 덧대고 다시 한번 방수를 한 뒤 최종적으로 상도 마감하는 방식이다. 여러 층의 적층 시공으로 시공 하자를 감소시키는 방법이라고 보면 된다. 우레탄방수보다는 인건비 측면에서 더 들지만 필자는 이 방수가 경험상 보다 확실하다고 생각한다. 시트방수는 요즘 주로 복합방수와 겸하는 게 일반적이다. 시트 자체는 전혀 문제가 없지만, 시트와 시트 사이의 접착이 본체의 수축팽창으로 이완될 가능성이 높다. 이를 보완한 방법이 복합방수이다. 한마디로 시트 이음 부위에 도막 방수재로 보강했다고 보면 이해가 쉽다.

본 구조체가 철근콘크리트인지 목재인지에 따라 방수 재료도 달라야 한다. 방수도 재료에 따른 궁합이 있다는 것을 오랜 시공 경력을 갖고 있는 분들은 잘 알고 있으리라 생각한다.

전원주택 수영장 공사에 대하여

가끔 전원주택 공사 의뢰를 받다 보면 조그마한 수영장을 바라는 분들이 더러 있다. 수영장을 제대로 시공하려면 철근콘크리트 구조가 기본이다. 우선 수영장 바닥을 철근배근하고 콘크리트를 타설한다. 타설을 위해서는 사전에 수직철근 즉, 벽체철근을 세워야 한다. 그리고 배수관과 물이 인입될 수 있는 인입관도 매입해 두어야 한다. 결국 제일 중요한 것은 물이 세서는 절대 안 되기 때문에 방수가 공사의 관건이다.

1차로 바닥 콘크리트 타설 시에 꼭 지수판이 설치되어야 한다. 이는 지하 공사의 옹벽에도 마찬가지이다. 이처럼 반드시 설치해야 할 지수판을 빼먹는 설계도면이 적지 않다.

다음은 콘크리트 타설이다. 콘크리트는 일반적으로 25-21-120 정도가 기본으로 타설된다. 여기서 25는 잡석지름, 21은 압축강도$_{MPA}$, 120는 슬럼프$_{mm}$를 가리킨다. 콘크리트를 타설할 때 자세히 보면 레미콘차가 들어오고 펌프카로 압송 타설한다. 이때 주의 깊게 타설하지 않으면 재료 분리가 발생한다. 콘크리트는 물과 시멘트, 그리고 잡석, 혼화제로 구성된다. 이게 한 묶음으로 되는 게 아니라 따로따로 분리되어 가장 무거운 잡석부터 내려앉는다. 그러면 1차 기초 타설을 하고 2차 벽체 타설 시 자갈이 먼저 내려앉으면 바닥과 벽체 사이에 방수를 보장할 수 없다. 나중에 형틀을 떼어보면 잡석들이 맨 밑에 가라앉은 것을 볼 수 있다. 이를 방지하기 위해서는 우선 콘크리트 슬럼프를 12가 아닌 15, 18로 레미콘 담당자에게 미리 통보해 줘야 한다. 또한 필자는 노출콘크리트 타설 시에도 마찬가지로 슬럼프는 180㎜로, 잡석도 25㎜에서 20㎜를 적용하고 있다.

바닥에 지수판 설치는 필수

방수에 국한해서 보면 콘크리트 자체가 방수체가 되어야 한다. 추가로 방수공사를 해서 누수를 방지하는 게 아니라 방수를 안 하고도 1차적으로 누수를 막는 시공이 되어야 한다는 말이다. 그러면 어떤 방법을 써야 할까?

첫째, 벽체 주위에 끊김 없이 지수판을 돌려 똑바로 세운다. 둘째, 콘크리트 슬럼프를 조정해야 한다. 여기에 공정을 추가한다면 구체 방수를 위해 유동화제를 준비해야 한다. 국내 레미콘은 주로 한 차에 6루베$_{m^3}$가 실려 온다. 거기에 유동화제를 넣고, 반죽이 되도록 2~3분 정도는 레미콘 드럼

을 돌려야 한다. 그 다음은 콘크리트 타설이다. 레미콘 드럼을 고속으로 돌리라고 하면 차가 망가진다며 꺼리는 기사도 있지만, 좋은 품질의 수영장을 얻기 위해서는 그렇게 하는 것이 좋다. 콘크리트는 본질적으로 균열이 발생할 수밖에 없다. 이게 양생이 되면서 건조 수축이 일어나고 그 과정에서 균열이 발생한다. 이런 과정을 최소화하는 게 시공사 몫이다.

수영장을 만들었는데 바닥이 차갑다면 방수 후 담수 테스트를 한 뒤 바닥에 단열재를 깔고 와이어메쉬 작업 후 무근타설을 하는 것도 하나의 방법이다. 무근타설 후 다시 한번 우레탄방수유리섬유 보강 후에 타일을 부치는 것이다. 물속에서 가끔 타일이 떨어지는 경우도 발생하기 때문에 타일 접착제는 숙고해서 골라야 한다.

알면 알수록 어려운 창호 시공

우선 아파트 창호부터 알아보자. 가장 많이 쓰이는 창호 브랜드는 LG와 KCC이다. 시중 아파트 창호의 2/3 이상을 두 브랜드가 점유하고 있는 것으로 알려져 있다. 과거 아파트 리모델링 공사를 맡아 양쪽 창호 회사에 견적을 요청한 적이 있었다. 비교하자면 LG창호는 사이즈가 비교적 다양하고, KCC는 단순한 편이었다.

KCC 프라임창호	LG Z:IN창호
· 단창 창폭(140㎜) · 이중창 창폭(242㎜) · 레일컬러(단창 : 블랙, 이중창 : 화이트) / 유리두께(24㎜) · 에너지효율등급(단창 : 3등급, 이중창 : 1등급)	· 단창 창폭(140㎜) · 이중창 창폭(250㎜) · 레일컬러(단창 : 블랙, 이중창 : 블랙) / 유리두께(24㎜) · 에너지효율등급(단창 : 3등급, 이중창 : 1등급)

위에서 유리두께 24㎜는 복층유리를 말한다. 5㎜+단열 스페이서Spacer; 간봉 간격 14㎜+5㎜ 유리를 합해 24㎜가 된다. 중간에 있는 간봉은 6, 12, 14, 16㎜가 있는데, 간봉이 넓을수록 단열 성능은 우수한 것이다. 대개 24㎜ 이상이라면 금속코팅을 입힌 로이Low-E유리를 권한다. 리모델링 아파트 이중창이 이 사이즈에 해당했기 때문에 거의 같은 규격으로 견적을 받았었다. 이보다 더 창틀 폭이 작은 창호도 있었는데, 그만큼 가격도 저렴했다.

LG에서 가장 작은 이중창 창틀 폭은 235㎜이다. 전원주택을 시공하다 보면 가끔 외부창을 이중창으로 마감하기를 원하는 건축주들이 있다. 목조주택 구조라면 2″×6″ 스터드를 세울 것이고, 그 폭이 140㎜인데 235㎜ 이중창을 적용한다는 것은 사실상 불가능하다. 그래서 전원주택에서는 시스템창호가 대부분이다.

국내에서는 독일식 시스템창호 선호

흔히 전원주택 창호를 미국식이네, 독일식이네 구분을 많이 한다. 독일식은 미국식에 비해 개폐 방식이 다양하다. 미국식은 단순하게 좌우 또는 상하로의 슬라이딩 방식이 대부분이다. 우리나라 아파트 창호는 대부분 미국식이라 해도 무방하다. 가격도 독일식에 비해 저렴할 수밖에 없다. 하드웨어나 기능 방식의 차이로 독일식이 이 더 무겁고, 전문가의 시공을 요한다. 독일식은 TT TILT&TURN, TS TILT&SLIDING, LS LIFT&SLIDING 등 개폐 방식이 다양하다.

▲ TT(TILT&TURN) 방식의 독일식 창호. 상부를 10~15° 열어 둘 수도 있고, 창문 자체를 여닫을 수도 있다.

미국식 시스템창호도 시중에 볼 수 있는데, 브랜드가 다양하다. 북미산으로는 사이먼튼, 마빈, 아트리움, 바이닐맥스 제품 등이 있다. 중국산인제이드, 보스턴, ART 등도 자재상에서 눈에 띈다. 국내산은 융기나 LS시스템 등이 있다.

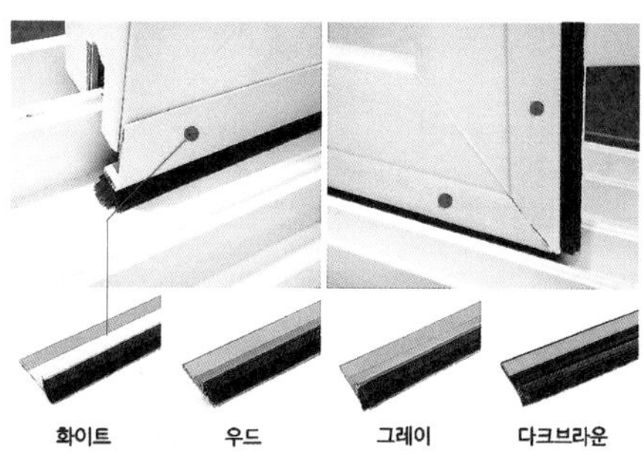

전원주택에서는 주로 독일식이 주목받고 있다. 아무래도 기밀이나 방음과 관련 있는 듯하다. 미국식은 단순한 슬라이딩 방식이 대부분인데, 기밀이나 방풍을 위해 창틀 부위나 레일 부위에 모헤어Mohair가 장착되어 있다. 그런데 여닫이 중 마찰로 인한 모헤어의 손상으로 틈새 바람이 들어올 가능성이 있다. 미국식 창호를 사용하고 있다면, 겨울이 되기 전에 모헤어가 손상되지 않았나 창틀 주위를 살펴보는 것이 좋다.

단계별로 수밀성·기밀성·방음성 확보

목구조에서는 창문이 실내 쪽으로 완전히 들어가는 것이 정상적인 설치 방법이다. 간혹 외단열의 경우 창문을 단열재 상부에 놓이게 하여 단열 성능을 높이는 방법도 사용하는 듯하다. 그러나 유럽에서는 누수 하자 때문에 외단열 위에 사용하는 방법은 권하지 않는 상황이다.

▲ 창호 시공에 쓰이는 부자재

스크류는 창틀을 고정하는 데 사용하며, 기밀테이프는 내부용과 외부용이 있다. 목조주택 시공 시 투습 방수지를 외벽에 두르는 것과 마찬가지로 외부 기밀 테이프는 투습 방수 테이프 역할을 한다. 내부는 방습 테이프를 사용한다. 창틀 시공 시 구조체와 창틀 사이에 20㎜ 이상 간격이 생기기도 하는데, 그 틈새는 수성연질폼으로 단열재를 충진한다.

창틀을 설치하기 전에는 레이저레벨기로 수평 수직이 제대로 맞게 시공되었는지 확인해야 한다. 창호 시공자는 늘 레이저레벨기를 켜놓고 작업한다. 시공 전에 창틀에 미리 붙여놓은 기밀테이프를 외벽에 붙여주고, 내부에서 창틀 주위에 단열재를 충진한다. 충진 두께는 대부분 20㎜ 안팎이다. 단열재가 경화되면 내부에도 방습테이프를 붙인다.

코너 부위는 사인장 힘을 받는다. 부재의 단면에 수직으로 작용하는 응력과 평행하게 작용하는 전단응력이 합쳐져서 부재의 축에 비스듬히 발생하는 인장력이 작용하기 때문에 한 번 더 테이핑한다. 주로 기밀을 고려하여 시공되는 창호 시공방법이다.

▲ 창문에서 누수가 발생한다면 가장 먼저 창문 윗부분을 우선 점검해봐야 한다.

창틀에서 가장 누수 위험이 큰 곳이 창틀 윗부분이다. 누수를 방지하기 위해서는 외부 기밀테이프를 이중으로 붙여주는 방법이 있다. 미리 창틀에 붙였던 기밀테이프를 투습방수지타이벡, 유로벤트, 하이드로갭 위에 붙이는 게 아니라 창호 윗부분의 투습방수지를 수평으로 자르고 그 안쪽의 O.S.B합판에 기밀테이프를 붙인다.

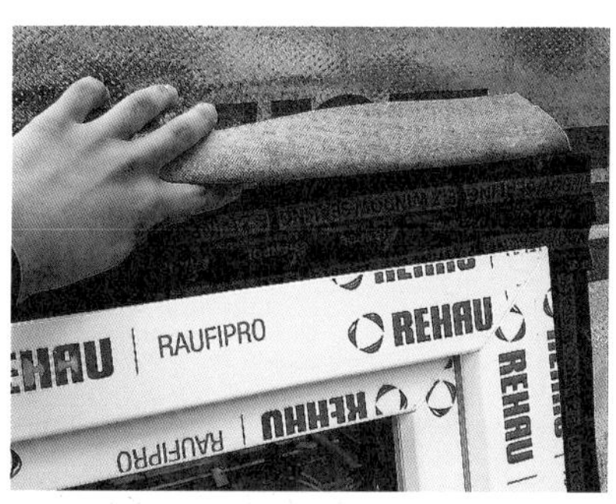

그 다음으로는 올려두었던 투습방수지를 내려 기밀테이프가 안보이게 한다. 그 투습방수지를 창틀 밑으로 내린 다음, 한 번 더 테이핑작업을 한다. 최근에는 이처럼 창틀 위쪽을 이중으로 방수하는 게 추세이다.

주방가구 항목별 구분 점검

싱크대는 부르는 게 값인 경우가 허다하다. 정확히 수량을 산출하고 단가를 산정하기가 어렵다. 가격이 천차만별인 가구까지 좀처럼 일위대가현장공사에 소요되는 재료비와 노무비 합를 정하기가 쉽지 않은 대상이다. 때문에 건축주가 기본 사항만 이해하고 있어도 제품에 대한 변별력이 생기기라 생각된다.

파티컬 보드 선택 요령

보통 시중에 사용하는 PB파티컬 보드는 15T이며, 두께가 두꺼울수록 값은 올라간다. 중고가 이상은 대개 18T를 사용한다. 몸통 컬러는 그다지 가격에 영향을 미치지 않는다. PB의 그레이드포름알데히드 방출치수는 소위 말하는 사제의 경우 E2급이 사용되며, 설치 후 냄새가 심한 경우가 허다하다. 이른바 메이커의 중저가 제품은 E1급을 사용하는 것으로 알려져 있고, 그 위 단계인 고가의 제품들은 주로 E제로나 수퍼E제로를 사용한다. 한번 설치하면 집과 더불어 수명을 다하는 제품이라 되도록 E1등급 이상의 제품을 설치하기를 권한다. E1급과 E2급간 가격 차이가 크게 난다는 업자가 있다면 거짓말일 확률이 높다.

주방가구 몸통에서 점검할 사항은 우선 모서리 부분의 마감이 깔끔한지 눈여겨봐야 한다. 대개 사제는 0.45~0.6㎜를 사용하고, 좀 신경을 쓰는 업자는 1㎜ 이상을 사용해 마무리를 트리밍둥그렇게 연마한다. 라운드 부위에 쓰는 엣지기계가 좋을수록 트리밍이 잘 나오는 것은 당연하다. 눈으로 보고 손으로 만져 보았을 때 칼날처럼 날카롭다면 반품 대상이다. 몸통에서 빼놓지 않고 점검할 대상이 PB의 경질도이다. 허접한 PB일수록 피스를 박았다가 다시 빼면 그 주위가 더 부풀어 오른다. 좋은 PB는 두세 번 뺏다 박아도 몸통에 큰 무리가 없다. 대기업 제품은 이런 실수를 감안해 몸통 쪽에 5㎜ 유도 보링을 하고 일반 피스가 아닌 5㎜ 나사 같은 거로 경첩을 고정한다. 잘 살펴보면 누구나 구분할 수 있다.

넉다운과 조립장의 장단점

크게 넉다운과 조립장으로 나눌 수 있다. 넉다운은 수납장이 박스 포장된 상태로 현장으로 들여와 조립하는 것이다. 반면 조립장은 공장에서 만들어진 채 출고되어 현장에 올려다 놓는 식이다. 어느 방식이든 외관상 크게 차이점은 없어 보인다. 그러나 문제는 출고 후 이동 조건과 상황, 재설치 시에 꼭 발생한다. 조립 피스가 헐렁해지는 경우도 간혹 있고 약간의 벌어짐 등이 생길 수 있기 때문에 세심하게 제반 상황을 확인한 후 선택해서 설치하는 게 바람직하다.

이사할 때 넉다운은 쉽게 분해해서 이동 설치가 가능하지만, 조립장은 분해가 힘들어 통째로 옮겨야 하는 번거로움이 있다. 이런 붙박이장 설치 시 핵심은 좌대이다. 레벨러Leveler라는 철물을 이용하여 바닥 수평을 맞춘 다음 그 위에 붙박이장을 설치하는 방법이다. 대개 메이커사들이나 실력 있는 업자들만 사용하는 방법이다. 이렇게 하지 않으면 일반 장롱처럼 단시일 내 몸통이 뒤틀리거나 도어가 안 맞아 경첩에 무리가 생겨 삐걱삐걱 소리도 나고 문이 부딪히는 하자 발생 요인이 된다. 붙박이도 전면의 모서리 마감이 깔끔한지 손으로 직접 확인해 봐야 한다.

도어와 경첩, 상판에 대한 안목

도어는 일반 몸통공장에서 만드는 UV라는 저렴한 제품이 일반적이다.

도장이나 멤브레인, 래핑 등의 종류는 거의 도어 전문 공장에 외주를 준다고 생각하면 된다. 공장도 천차만별이고 실력도 각양각색이라, 안정적이고 품질을 받쳐주는 업체와의 거래가 중요한데 이는 소비자의 몫은 아닐 듯하다. 겉모습은 똑같아도 시트지 두께라든가 사용하는 접착제 종류, 내구성, A/S 수준 등 따지고 보면 짚고 넘어가야 할 항목이 많다.

경첩은 보통 110°가 주로 사용되는데, 이 분야도 변화무쌍하다. 제조사에 따라 품질이 좀 나눠진다. 수입품을 제외하고는 일반 시중에서는 삼성정밀메이커 주로 납품과 문주단체 납품 현장 제품이 가장 많이 알려져 있다. 경첩도 원터치, 투터치로 구분된다. 원터치는 문을 닫으면 소리가 크지만, 투터치는 한번 잡아준 뒤 닫혀서 소음이 덜하다. 메이커사 대부분 제품은 투터치를 사용한다. 꽝하고 닫히는 걸 예방하기 위해서는 도어나 몸통에 '스무브'라는 장치를 장착한다. 수입도 있고 국산도 있는데, 가격은 담배 한 갑보다도 싸다. 이 단가조차도 줄이려고 애쓰는 업자가 있기 마련이다. 소위 물방울이라고 불리는 실리콘을 도어에 붙이고 마는 경우라면 그럴 확률이 높다.

붙박이 경첩은 135° 안전경첩을 추천하고 싶다. 일단 문이 열리는 각도가 크고, 경첩 사이에 넥타이나 머리카락 등이 걸리지 않도록 개발되어 몇 년 전부터 각광받는 제품이다.
180°로 완전히 열리는 경첩도 있다. 예전처럼 지금도 사용하는 업체가 간혹 있다. 많이 열린다고 가격이 비싼 것만은 아니다. 안전상 문제나 내구성으로 볼 때 135° 경첩이 주류인 것은 확실하다. 납품단가를 맞추기 위해 110°도 경첩도 있는데, 가격 차이가 제법 난다.

상판은 인조대리석이 가장 일반적이다. 인조대리석은 칸스톤천연대리석 70% 함유, 볼케이노천연대리석 30% 함유, 보통 합성수지 등으로 구분된다.

가격은 칸스톤이 가장 비싸다. 제조업체로는 듀퐁, 삼성, 엘지, 한화, 라이언컴텍 등이 있고, 한샘도 한샘스톤이라는 상호로 이 대열에 끼어들었다.

상판 하단에 보면 회사별 로고가 있는데, 아무 글자도 없다면 중국산이라고 봐도 무방하다. 시중에서는 중국산도 괜찮다고 하지만, 경험상 가끔 하자가 있고 시공자들이 설치를 위한 가공 시 문제점이 있다고 말하곤 한다. 한편 옛날에 많이 썼던 라미네이트상판PT상판을 지금도 쓰는 현장을 간혹 본 적이 있는데, 가격은 인조대리석보다 훨씬 싸다.

변화무쌍한 시공 현장에서 하나하나 문제점을 짚고 넘어가는 게 현실적으로는 거의 불가능하다. 또한 '싼 게 비지떡'이라는 말은 진리에 가깝다. 여하튼 주방가구는 외적인 고급스러움보다는 문을 열어 내부 몸통 상태를 우선 확인해야 한다. 코너나 엣지 마감 상태나 경첩의 종류 등 위에서 설명한 내용들을 상기하여 주의 깊게 보시길 바란다. 또한 발품을 판만큼 좋은 제품을 고를 수 있다.

제10장

완공과 사용 승인

- 건축주 VS 시공사 분쟁이 일어난다면
- 완공 후 건축물 사용승인 어떻게 받나?

건축주 VS 시공사 분쟁이 일어난다면

도급인 건축주와 수급인 시공사는 앞서 공사도급계약을 체결함으로써 주택 공사를 진행하게 된다. 그러나 일부 현장에서는 분쟁으로 인해 공사가 중단되고 방치되는 경우까지 발생하기도 한다. 이런 문제는 급작스럽게 벌어진 일이라기보다는 여러 문제가 누적되어 감정의 골이 깊어질 대로 깊어진 결과이기 쉽다.

건축주와 시공사, 양측으로 나눠 원인을 생각해보자. 건축주가 공사 기성금을 맞추지 못하거나 지나친 공사 변경, 과도한 추가공사를 빈번하게 요구했을 확률이 높다. 반면 시공사에 의한 원인으로는 예정된 공정일을 어기거나 도면과 어긋나는 임의적인 시공, 자체 부실로 인한 자금 부족 등 원인을 꼽을 수 있다.

갈등의 대립으로 공사가 중단되더라도 원만한 해결로 재개되는 예도 있겠지만, 돌이킬 수 없는 상황으로 치달으면 결국 도급계약을 해제하고 공사는 멈추게 된다. 이와 관련해 건축주로서는 법정해제권, 약정해제권 등을 요구할 수 있는데, 이는 전문적인 내용이라 개별적으로 상담을 받아야 할 사항이다. 공사가 중단되면 사실은 건축주가 더 불리한 상황에 놓인다. 시공사와 분쟁이 발생하더라도 건축주는 최대한 남은 공사를 빨리 끝내고 당초 목표했던 시기에 건물을 완공해야 손해를 최소화할 수 있다. 그래서 역으로 시공사는 공사가 중단되었을 때 심하면 유치권을 행사해 건축주에게 대금 지급을 독촉하는 게 건축 분쟁의 패턴이다. 시공사가 공사 현장을 점유해 유치권을 행사하면 건축주 입장에서는 완공 지연으로 인한 추가 손해를 입을 수밖에 없다. 무엇보다 시공사의 유치권 행사의 적법 여부에 관한 판단 자체는 추후 법정에서 가늠되기 때문이다.

Tip / 완료된 부분까지의 공사 대금 지급

통상 계약이 해제되면, 계약의 효력은 함께 소멸하고 해제하는 당사자는 계약으로 인한 상대측의 영향을 원상회복 해주는 것이 원칙이다. 그런데 공사도급계약은 다소 성격이 다르다. 판례는 "공사 도중에 계약이 해제되어 미완성이라도 그 공사가 상당히 진척되어 원상회복이 오히려 손실을 초래하고 일부 완성된 부분이 도급인에게 이익이 되는 때에는 도급계약은 미완성 부분에 대해서만 인정되어 수급인은 미완성 상태 그대로 그 건물을 도급인에게 인도하고, 도급인은 그 건물의 기성고 등을 참작하여 상당한 보수를 지급해야 의무가 있다"고 판시하고 있다<대법원 1997. 2. 25. 선고 96다43454>

충분히 검토된 계약서가 유일한 예방책

근본적으로 계약에 의해 진행되는 공사는 건축주에게 불리하다. 마치 의료분쟁처럼 건축 역시도 전문화된 영역이기 때문에 건축주는 피해를 입은 환자의 처지에 놓이기 쉽다. 시공사는 건축 공법과 공정, 자재, 설계 등 집짓기 대부분 과정에 대한 정보와 실행 여부를 알고 있지만, 건축주는 상대적으로 극히 빈약한 정보만 가졌을 뿐이다. 그 때문에 수많은 시간적, 금전적 비용 지출을 일으키는 건축 분쟁은 어떻게 해결하느냐보다 예방이 최우선이다. 결국 애초 면밀하게 작성한 내용과 검토가 이뤄진 '계약서'로 돌아갈 수밖에 없다. 그런데 사실 많은 건축주가 몇억 원이나 드는 집짓기 계약서를 가볍게 보는 것이 우려스럽다.

허술한 계약서는 건축 과정에서 여러 문제를 남기기 때문에 재차 강조를 한다. 가장 대표적인 문제가 '지체상금지연배상금'이다. 공기 연장에 따른 건축주가 심적, 금전적 피해를 보장받기 위해 준공일을 기준으로 공사금액의 몇 퍼센트와 같이 구체적인 비율을 제시해야 하는데, 이런 기본적인 부분조차 넘어가는 경우도 많다.

시공사에게는 전해 들은 떠도는 말, 인터넷 검색을 통해 제시하는 자재와 가격으로 공사대금 일부라도 깎으려는 건축주보다는 계약서를 꼼꼼하게 체크하고 법률가를 찾아 검토까지 마친 신중한 건축주가 더 까다로운 상대이다. 물론, 최선은 상호간의 신뢰 구축이다. 다만 이해와 견제가 전제되어야 한다.

완공 후 건축물 사용승인 어떻게 받나?

사용승인제도는 건축사 등을 공사감리자로 정하고, 허가권자가 담당 공무원의 현장 확인절차 없이 공사감리자가 작성한 감리완료보고서에 의해 건축물의 사용을 승인하는 제도로 바뀌었다. 그러나 감리자를 선정하지 않아도 되는 전원주택 같은 신고대상 건축물은 여전히 담당 공무원이 직접 현장을 조사·검사하여 사용승인처리를 하는 상황이다. 이러한 실사검증현장에서는 여러 분쟁이 발생하기도 한다. 승인이 거부되어 재시공해야 할 경우, 그 책임 소재를 찾기 위해 건축주·설계자·시공자간 불화가 생기거나 담당 공무원과의 분쟁이 기나긴 소송으로 이어지기도 한다.

사용승인의 절차

공사완료

사용승인 신청

현장검사 및 관련기관 협의

사용승인서 교부

사용승인신청서를 기본으로 공사감리자를 지정한 경우에는 공사감리완료보고서, 건축허가도서의 변경 시 설계변경 사항이 반영된 최종 공사완료도서 등을 허가권자에게 제출해야 한다. 허가권자는 신청서 및 구비서류의 형식·요건, 건축허가 내용 이행 여부 등을 검토하여 사용승인 신청일로부터 7일 이내 현장검사를 실시하고 사용승인서를 교부한다. 한편, 「건축법」 제22조 및 동법시행령 제17조에 따라 사용승인서를 교부받기 전에 공사가 완료된 부분에 한하여 그 부분이 건폐율, 용적률, 설비, 피난, 방화 등의 기준에 적합한 경우로서 임시사용승인을 신청할 수 있다.

임시사용승인과 승인 전 입주

임시사용승인은 말 그대로 임시적으로 건물을 사용하고자 할 때 받는 승인이다. 공사가 전부 끝나지는 않았지만, 부분적으로 끝난 곳을 사용하고자 할 때 신청할 수 있다. 공사가 먼저 완료된 지하층, 지상 1층, 2층에 먼저 입주해야 할 상황에 가능하다. 일단은 쓰고자 하는 공간의 공사는 완전히 끝난 상태여야 하며, 건축물 및 대지 일부가 법에 적합해야 한다. 임시사용승인은 2년 이내 유효하고 대형건축물 등은 기간 연장도 가능하다.

주택은 특별히 임시사용승인을 받기보다는 준공 전 그냥 입주하는 사례도 심심치 않게 많다. 편의상 그냥 넘어가는 경우도 있지만, 혹 사전 입주건으로 주변 민원이 발생하는 경우에는 적지 않은 벌금이 부과되기 때문에 주의가 필요하다. 공사가 마무리되고 특별한 사유가 없으면 사용승인을 서둘러 받아 불필요한 오해를 없애는 것이 낫다.

편법 개축행위 단속하는 특검

사용승인을 받았더라도 입주 후 6개월에서 1년 사이 다시 특검이 나오는 경우가 있다. 이는 일반적인 행정방식으로, 서울 어느 구의 경우 신축세대의 반 이상이 입주 후 일정 기간이 지나 특검을 실시한 적도 있을 정도다. 특히, 택지지구 같은 이목이 집중된 경우에는 거의 재특검을 실시하는 확률이 높아서 건축주와 시공자는 염두에 두어야 한다. 불법 사항이 적발될 경우 원상복구는 물론이고 불이행 시 이행강제금이 있으므로 주의해야 한다. 최근에는 전원단지나 택지지구 등 마을 경관을 위해서 타인의 불법 증개축 상황을 신고하는 민원들도 많이 발생하고 있다.

사용승인 받지 않으면 위반건축물

원칙적으로 사용승인을 교부받지 않으면 그 건축물을 사용할 수 없으며, 건축법 제79조제2호 및 동법 제80조제1호에 의거해 2년 이하의 징역 또는 1천만원 이하의 벌금에 처하게 된다. 그리고 사용승인신청을 허위로 한 것이 적발되었을 때는 2백만 원 이하의 벌금에 처한다. 위반건축물로 적발되고 난 뒤 1차 시정통지를 받게 되고, 유예 기간은 30~60일 정도가 주어진다. 이때 위반건축물카드가 작성되며 각 관련기관으로 통보가 되고 그 후 2차 통지, 또 30일이 지나면 고발 및 이행강제금이 부과 예고된다. 이때는 건축물사용제한으로 전기·가스 등이 모두 정지되며 건축주와 시공업자는 고발당하게 된다. 건축주는 감리자를 거쳐 시정완료서를 제출하거나 허가자가 직접 현장시정을 확인하고 나면 사용제한이 해제된다.

건축물대장 작성 및 등기 절차

건축법 제22조에 의해 사용승인을 신청한 자는 배치도, 각층의 평면도, 부설 주차장 도면 등 건축물 및 그 대지의 현황을 표시하는 도면을 허가권자에게 제출해야 한다. 허가권자는 사용승인에 관한 서류에 의하여 건축물대장을 작성하게 된다.

공사완료 후 건축물대장 기재신청서에 건축물 현황도와 현황측량성과도를 첨부하여 제출해야 한다. 허가권자는 신청 내용과 실제 현황이 일치하는지 여부, 건축법령에 의한 규정에 적합한지 아닌지를 확인하여 건축물대장에 등재한다.

사용승인일로부터 60일 이내에 관할 등기소에 등기신청서를 작성하여 건축물관리대장등본, 등록세 및 취득세 영수증, 주민등록등본, 인감증명 등을 첨부하여 제출하게 되면 그 실제 여부를 판단해 등기부상에 기재함으로써 건축물 소유권보존등기 절차가 마무리된다.

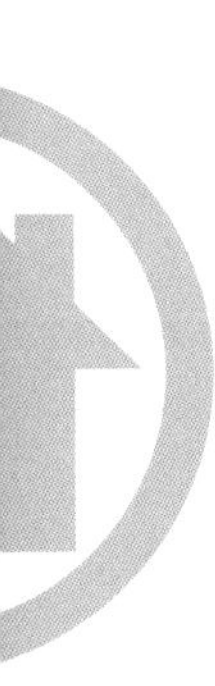

부모와 함께한 주택 / **위치_** 경기 이천 / **구조_**경량목구조 / **설계_** 건축사사무소 삼간일목(권현효) /
시공_ ㈜위빌종합건설(전승희) / © 월간 전원속의 내집(변종석)